DEUTSCHE AKADEMIE
DER LANDWIRTSCHAFTSWISSENSCHAFTEN ZU BERLIN

ARCHIV FÜR LANDTECHNIK

1. BAND · HEFT 2 · 1959

AKADEMIE-VERLAG · BERLIN

DEUTSCHE AKADEMIE
DER LANDWIRTSCHAFTSWISSENSCHAFTEN ZU BERLIN

ARCHIV FÜR LANDTECHNIK

1. BAND · HEFT 2 · 1959

Schriftleitung:
Prof. Dr.-Ing. HEYDE, Berlin

AKADEMIE-VERLAG · BERLIN

INHALTSVERZEICHNIS

Das Archiv für Landtechnik erscheint in einzelnen Heften mit einem Umfang von je 5 Druckbogen. Die Hefte, die innerhalb eines Jahres herauskommen (4 Hefte), bilden einen Band. Das letzte Heft des Bandes enthält Inhalts-, Autoren- und Sachverzeichnis.
Es werden nur Manuskripte angenommen, die bisher noch in keiner anderen Form im In- oder Ausland veröffentlicht worden sind. Der Umfang soll nach Möglichkeit 1½ Druckbogen (etwa 35 Schreibmaschinenseiten) nicht überschreiten.
Die Autoren erhalten Fahnen- und Umbruchabzüge mit befristeter Terminstellung, bei deren Überschreitung durch den Autor von der Redaktion Imprimatur erteilt wird. In den Fällen, in denen die Lesung durch den Autor (Ausländer) auf sehr große Schwierigkeiten stößt oder sehr zeitraubend wäre, wird die Prüfung durch die Schriftleitung vorgenommen.

Jeder Autor erhält von der Akademie unentgeltlich 100 Sonderdrucke und ein Honorar von 40 DM für den Druckbogen. Das Honorar schließt auch die Urheberrechte für das Bildmaterial ein. Dissertationen, auch gekürzte bzw. geänderte, werden nicht honoriert.
Jeder Arbeit muß vom Autor eine Zusammenfassung der wichtigsten Ergebnisse beigegeben werden, Sofern er in der Lage ist, soll er diese gleich übersetzt in russisch und englisch bzw. in einer dieser Sprachen liefern. Gegebenenfalls wird die Übersetzung in der Akademie vorgenommen.
Bezugspreis je Heft (etwa 80 Seiten) 5,— DM.

Herausgeber: Deutsche Akademie der Landwirtschaftswissenschaften zu Berlin. Chefredakteur: Prof. Dr.-Ing. Heinrich Heyde, Sekretar der Sektion Landtechnik der Deutschen Akademie der Landwirtschaftswissenschaften. Verlag: Akademie-Verlag GmbH, Berlin W1, Leipziger Str. 39. Fernruf 220441. Postscheckkonto: 35021. Bestell-Nr. dieses Heftes: 1043/I/2. Veröffentlicht unter der Lizenz-Nr. ZLN 5463 des Ministeriums für Kultur, Hauptverwaltung Verlagswesen. Gesamtherstellung: VEB Druckerei „Thomas Müntzer" Bad Langensalza. Printed in Germany.

Aus dem Institut für Landtechnik Potsdam-Bornim der Deutschen Akademie der Landwirtschaftswissenschaften zu Berlin.
Direktor: Prof. Dr. S. ROSEGGER

WERNER MALTRY

Die thermodynamische Erklärung der Vorgänge bei der Silotrocknung von Getreide

Bedeutung der Silotrocknung

Der ständig wachsende Einsatz von Mähdreschern liefert bei der Getreideernte innerhalb einer verhältnismäßig kurzen Zeit große Körnermengen. Da dieses Mähdreschergetreide meist eine Feuchtigkeit von $f = 20\%$ und mehr (f = Feuchtigkeit bezogen auf das Naßgewicht) aufweist, also nicht ohne weiteres lagerfähig ist, ergibt sich die Notwendigkeit, die Feuchtigkeit auf einen Wert herabzusetzen, der eine Lagerung ohne Schäden ermöglicht. Getreide mit $f = 14\%$ gilt als lagerfähig.

Grundlagen der Silotrocknung

Die Getreidetrocknung kann nach verschiedenen Methoden erfolgen, wobei lediglich darauf zu achten ist, daß bei nicht zu hoher Ausgangsfeuchtigkeit der Trocknungprozeß innerhalb von etwa 10 Tagen abgeschlossen sein muß.

Die Trockenluft hat grundsätzlich zwei Aufgaben zu erfüllen:

1. Das Heranführen der zur Verdunstung des Wassers notwendigen Verdampfungswärme,
2. den Abtransport des vom Trocknungsgut in das Gas diffundierten Wasserdampfes.

Bei der Getreideschnelltrocknung wird die Luft ziemlich hoch angewärmt. Allerdings darf das Getreide nicht wärmer als etwa 50 ° C werden, weil sonst Schäden, besonders in der Keimfähigkeit, auftreten. Durch die Erwärmung der Luft steigt sowohl ihre Aufnahmefähigkeit gegenüber Wasserdampf als auch ihr Wärmeinhalt. Je nach der Konstruktion und Betriebsweise der Warmlufttrockner bewegt sich die Trocknungsdauer zwischen einigen Minuten bis zu einer Stunde.

Die Belüftung ist eine andere Möglichkeit der Getreidetrocknung. Sie erfordert große Mengen nicht oder nur gering angewärmter Außenluft. Aufgrund des geringeren Trocknungspotentials der Luft ist sowohl eine längere Zeit als auch eine größere Luftmenge nötig als bei der Trocknung mit Warmluft. Die Trocknung wird dabei meist mit der Getreidelagerung kombiniert, weil die Kosten der Belüftungseinrichtung gegenüber einer Warmlufttrocknungsanlage relativ gering sind. Man nennt das Verfahren dann Silotrocknung.

Auch bei der Silotrocknung gibt es eine ganze Anzahl verschiedener Systeme. Die Unterschiede bestehen vor allem in konstruktiven Verschiedenheiten der Silowände, in der Art der Luftführung und der Querschnittsform. Für theoretische Betrachtungen ist allerdings nur wichtig, ob die durch das Getreide strömende Luft einen stets gleichbleibenden Querschnitt vorfindet, wie z. B. beim Flachbodensilo (Abb. 1), bei dem der Luftstrom durch eine Rostfläche tritt und das Getreide senkrecht von unten nach oben durchströmt, oder einen mit dem zurückgelegten Weg veränderlichen Querschnitt, wie z. B. beim Zentralrohrsilo, (Abb. 2), bei dem der Strömungsquerschnitt anwächst. Die vorliegenden Betrachtungen beschränken sich auf konstanten Strömungsquerschnitt; eine Übertragung der Ergebnisse auf die Verhältnisse des Zentralrohrsilos ist aber leicht möglich.

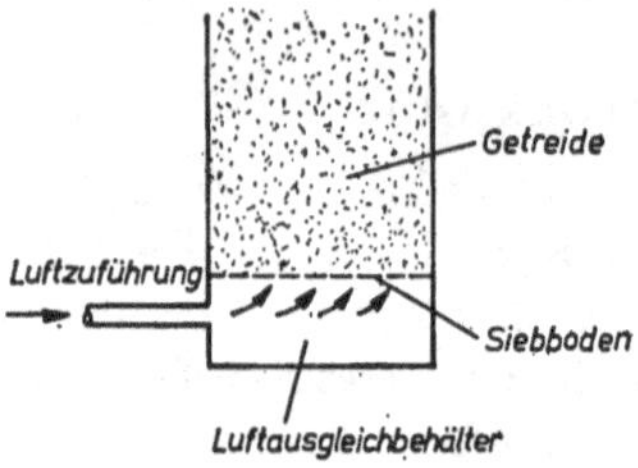

Abb. 1. Flachbodensilo

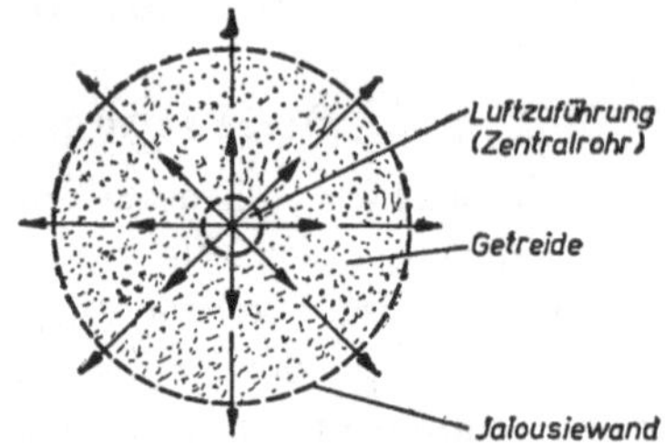

Abb. 2. Zentralrohrsilo

Trocknungsgrundlagen

I. Trocknungsabschnitt:

Am einfachsten läßt sich der Trocknungsvorgang an einem Trocknungsgut dann verfolgen, wenn es einen solch hohen Feuchtigkeitsgehalt hat, daß die Oberfläche naß ist. Dieser Zustand läßt sich mit einem tropfnassen Schwamm vergleichen. Trocknet man mit Luft von konstanter Temperatur und Feuchtigkeit sowie gleichbleibender Geschwindigkeit, so stellt sich an der Oberfläche des Trocknungsgutes ein bestimmter Beharrungszustand ein; die Temperatur bleibt konstant (Kühlgrenztemperatur, entspricht der Temperatur des feuchten Thermometers im Aspirationspsychrometer), denn für die Oberfläche des Trocknungsgutes gelten die gleichen thermodynamischen Gesetze wie für eine freie Wasseroberfläche. In unmittelbarer Nähe des Trocknungsgutes herrscht dabei dauernd der der jeweiligen Temperatur des Trocknungsgutes entsprechende Sattdampfdruck. Bei konstanten äußeren Bedingungen ist auch die Trocknungsgeschwindigkeit g_{DI} kg/m²h konstant. Der I. Abschnitt des Trocknungsprozesses ist durch diese Verhältnisse charakterisiert.

II. Trocknungsabschnitt:

Im Verlaufe der fortschreitenden Trocknung sinkt der Feuchtigkeitsgehalt an der Oberfläche des Gutes rascher ab als im Innern des Trocknungsgutes. Zu einem bestimmten Zeitpunkt erreicht deshalb der Flüssigkeitsgehalt der Oberfläche den Wert 0, während sich im Innern des Trocknungsgutes noch Flüssigkeit befindet. Von nun an kann die alte zeitlich konstante Trocknungsgeschwindigkeit g_{DI} nicht mehr aufrecht erhalten werden, weil sich der Ort der Verdunstung, der „Trockenspiegel", in das Innere des Trocknungsgutes zurückzieht und der zu verdunstende Wasserdampf einen zusätzlichen Diffusionswiderstand überwinden muß. Durch den ständig wachsenden Diffusionswiderstand nimmt die Trocknungsgeschwindigkeit laufend ab. Das Charakteristikum des II. Trocknungsabschnittes ist deshalb die von einem bestimmten Zeitpunkt an ständig absinkende Trocknungsgeschwindigkeit.

der Wechsel vom I. zum II. Trocknungsabschnitt ist durch einen deutlich ausgeprägten Knickpunkt gekennzeichnet (Abb. 3). Die Endtrockengeschwindigkeit g_{DE} hat (bei nicht hygroskopischen Gütern) einen endlichen, von Null verschiedenen Wert. Nach Beendigung des II. Trocknungsabschnittes ist dann die Trocknung beendet, nach einer endlichen Trocknungszeit hat der Feuchtigkeitsgehalt den Wert Null erreicht.

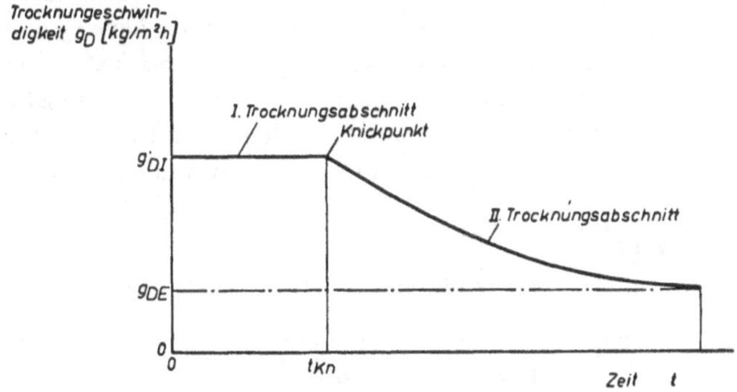

Abb. 3. Zeitlicher Verlauf der Trocknungsgeschwindigkeit $g_D = f(t)$ bei nicht hygroskopischen Gütern (nach [2])

III. Trocknungsabschnitt:

Hat der zu trocknende Stoff bei niedrigen Feuchtigkeitsgehalten hygroskopische Eigenschaften, d. h. läßt sich eine Abhängigkeit zwischen Feuchte des Trocknungsgutes und Gleichgewichtsdampfdruck in der Umgebung beobachten, so zeigt sich

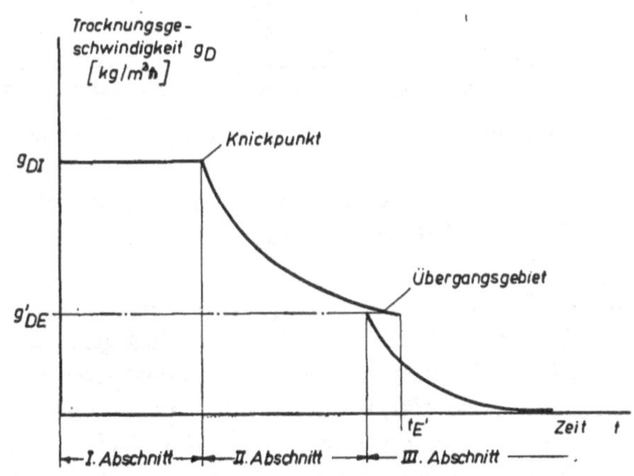

Abb. 4. Verlauf der Trocknungsgeschwindigkeit $g_D = f(t)$ bei hygroskopischen Gütern (nach [2])

im Anschluß an den II. Abschnitt ein weiterer III. Trocknungsabschnitt. Er ist besonders für die Körnertrocknung wichtig, weil in den meisten Fällen die Aufgabe vorliegt, innerhalb dieses III. Abschnittes zu trocknen. Bei Getreide beträgt die Grenzfeuchtigkeit, bei deren Unterschreiten die hygroskopischen Eigenschaften hervortreten, etwa $f = 22\%$. Das prinzipielle Verhalten hygroskopischer Stoffe bei der Trocknung stellt Abb. 4 dar. Das Charakteristikum des III. Trocknungsabschnittes ist die auf den Wert Null absinkende Trocknungsgeschwindigkeit, die in einem III. Kurvenzug im Anschluß an den II. Trocknungsabschnitt erfolgt.

Der Trocknungsverlauf $g_D = f(X)$:

Eine gute Darstellung des gesamten Trocknungsverlaufes wird durch das bekannte Schaubild der Abhängigkeit der Trocknungsgeschwindigkeit von der jeweiligen mittleren Feuchtigkeit des Trocknungsgutes gegeben (Abb. 5). X ist der auf die wasserfreie Trockensubstanz des Gutes bezogene Feuchtigkeitsgehalt.

Der geometrische Ort des Wechsels zwischen dem I. und II. Trocknungsabschnitt ist theoretisch bei einem bestimmten Gut mit bestimmten geometrischen Abmes-

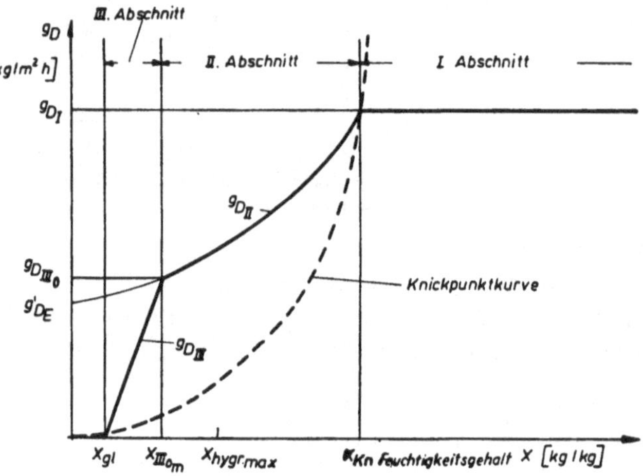

Abb. 5. Trocknungsverlauf $g_D = f(X)$ für hygroskopische Trocknungsgüter (nach [2])

sungen für sämtliche Trocknungsverläufe in gleicher Weise gültig. Bei sehr vielen Gütern läßt sich die Knickpunktkurve experimentell ermitteln (z. B. Holz, Zellulose, Fasern).

Bei Getreide sind die Verhältnisse schwieriger, weil der Aufbau des Getreidekorns nicht homogen ist. Die in der Nähe der Oberfläche liegende Aleuronschicht wirkt gegenüber dem Feuchtigkeitstransport als Sperrschicht. Deshalb kann das in der Oberflächenschicht gebundene Wasser bei einer Trocknung relativ leicht verdunsten, während das Wasser des Gutsinnern dagegen erst den Widerstand der Sperrschicht überwinden muß, ehe es nach außen treten kann. Dieser Widerstand ist darüber hinaus von der Temperatur abhängig. Bei Temperaturen über 70 ° C läßt er merklich nach. Da der Ablauf des I. Trocknungsabschnittes an die Bedingung geknüpft ist, daß genügend Feuchtigkeit an die Oberfläche des Trocknungsgutes wandern kann, ist bei Getreide ein solches Verhalten erst bei Temperaturen über 70 ° C möglich. Bei niedrigeren Temperaturen läßt sich kein Knickpunkt und auch kein I. Trocknungsabschnitt beobachten.

Abb. 6 zeigt verschiedene, von der Temperatur der Trockenluft abhängige Trocknungsverläufe von Weizen, die DIETRICH [1] experimentell ermittelt hat. Eine Knickpunktkurve läßt sich nicht eintragen. Die Unstetigkeiten im Gebiet $X = 18$ bis 25% entsprechen dem Wechsel vom II. zum III. Trocknungsabschnitt.

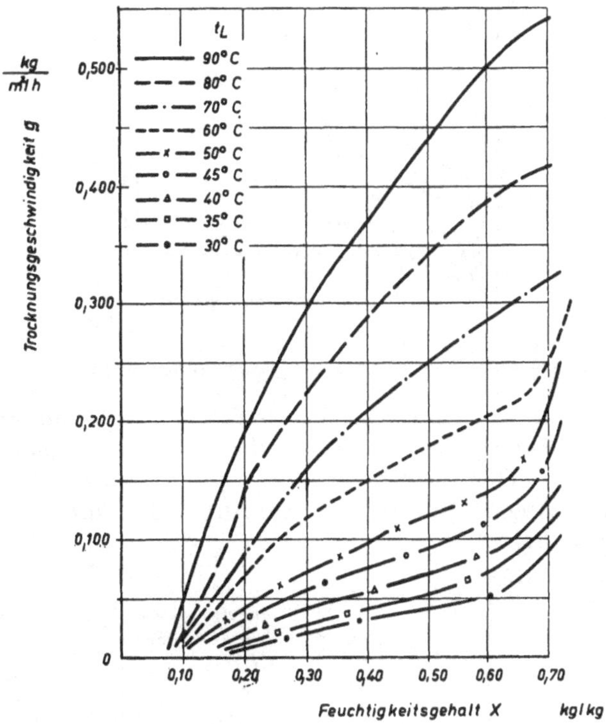

Abb. 6. Der Einfluß der Lufttemperatur auf den Trocknungsverlauf von Weizen (nach [1])

Versuche über das Trocknungsverhalten mit Luft konstanter Temperatur, aber verschiedener Feuchtigkeit sind nicht bekannt geworden. Es ist jedoch zu erwarten, daß sich eine zu Abb. 6 analoge Staffelung ergibt.

Die Vorgänge in der Kornsäule

In Ermangelung ausreichender Versuchswerte ist der Ausgangspunkt der Betrachtungen über die Vorgänge in der Kornsäule der theoretisch erläuterte Trocknungsverlauf (Abb. 5). In Abb. 7 sind mehrere schematische Trocknungskurven eingezeichnet. Jede Kurve entspricht einem bestimmten Zustand der Trocknungsluft, wobei es ohne Bedeutung ist, ob das unterschiedliche Trocknungspotential der verschiedenen Luftzustände durch Temperatur- oder Feuchtigkeitsunterschiede hervorgerufen wird.

Wenn sämtliche Schichten des Trocknungsgutes im I. Trocknungsabschnitt stehen, verhält sich das Gut wie eine freie Wasseroberfläche. Wird in diesem Falle in einen

Silo Luft mit einem ganz bestimmten Trocknungspotential eingeblasen, so stellt sich an der Oberfläche des Trocknungsgutes aller Schichten eine gemeinsame Temperatur ein, die schon erwähnte Kühlgrenztemperatur. Die Trocknungsgeschwin-

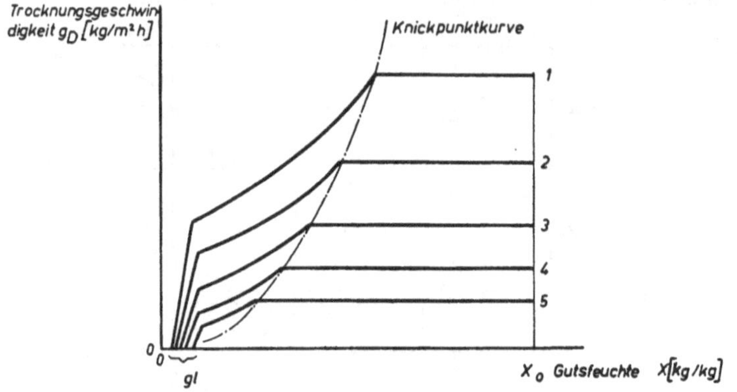

Abb. 7. Trocknungsverläufe unter Annahme jeweils konstanter Luftzustände (nach [2])

digkeit ist dabei zwar für jede einzelne Schicht des Silos konstant, sinkt aber infolge der zunehmenden Sättigung der Luft von Schicht zu Schicht ab. Nach einer bestimmten Zeit erreicht die Trocknungskurve der ersten Schicht die Knickpunktkurve. Der Zustand der übrigen Schichten in diesem Augenblick wird in Abb. 8 durch die Gerade t_{kn} dargestellt.

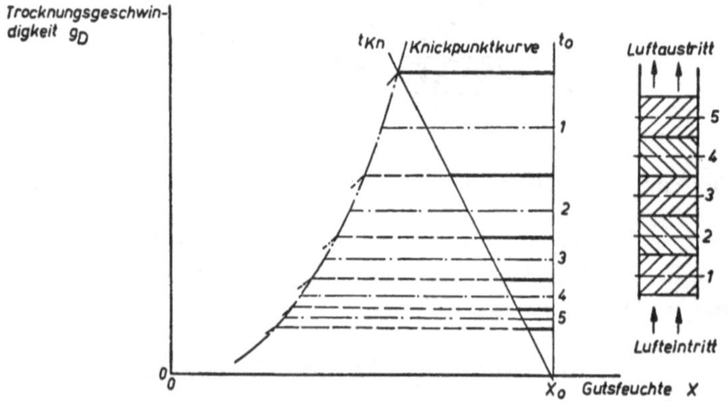

Abb. 8. Trocknungsverlauf in fünf Schichten eines Silos im I. Trocknungsabschnitt

Nachdem die erste Schicht den Knickpunkt erreicht hat, fällt jetzt entsprechend der Trocknungskurve für konstante äußere Bedingungen die Trocknungsgeschwindigkeit in der ersten Schicht ab. In der zweiten und allen nachfolgenden Schichten muß nun die Trocknungsgeschwindigkeit ansteigen, weil die Luft in der ersten Schicht nur noch eine geringere Feuchtigkeitsmenge aufnimmt als vorher und dadurch ein größeres Trocknungspotential behält. Sie kann deshalb den nachfolgenden Schichten mehr Feuchtigkeit entziehen.

Der prinzipielle Verlauf der Trocknung kann an Abb. 9 erläutert werden. Durch den Anstieg der Trocknungsgeschwindigkeit nähern sich die Trocknungskurven für die zweite und alle weiteren Schichten immer mehr dem Trocknungsverlauf der ersten Schicht am Eintrittsquerschnitt der Luft. Im II. und noch ausgeprägter im III. Trocknungsabschnitt hat dann jede Stelle im Trocknungsgut angenähert denselben Trocknungsverlauf wie der Eintrittsquerschnitt. Da bei der Körnertrocknung der II. und III. Trocknungsabschnitt vorherrscht, ist dieses Verhalten besonders ausgeprägt. Aus diesen Zusammenhängen ergibt sich, daß bei konstantem Luftdurchsatz eine „Trocknungsfront“ mit konstanter Geschwindigkeit durch den Trockner läuft. Der gemeinsame Trocknungsverlauf der einzelnen Schichten kommt dadurch zum Ausdruck, daß das durch den Trockner wandernde Feuchtigkeitsprofil (Abb. 10) etwa konstante Form und konstante Wanderungsgeschwindigkeit aufweist. Ist die Trocknungsfront in die Kornsäule hineingewandert, so gelten für das Verhalten zwischen Gut und Luft folgende Bedingungen:

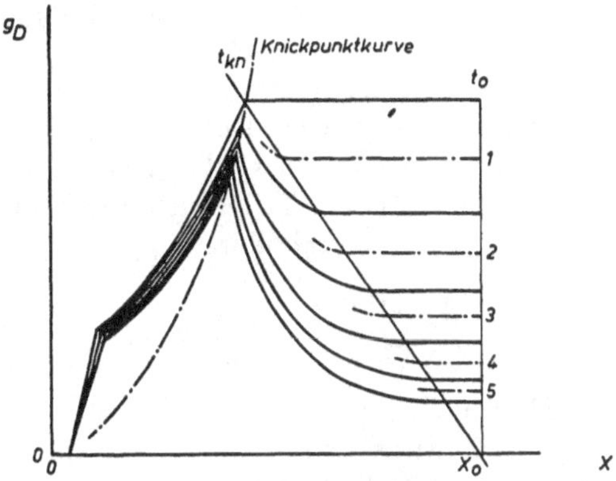

Abb. 9. Trocknungsverlauf der Schichten 1—5 bei der Silotrocknung (nach [2])

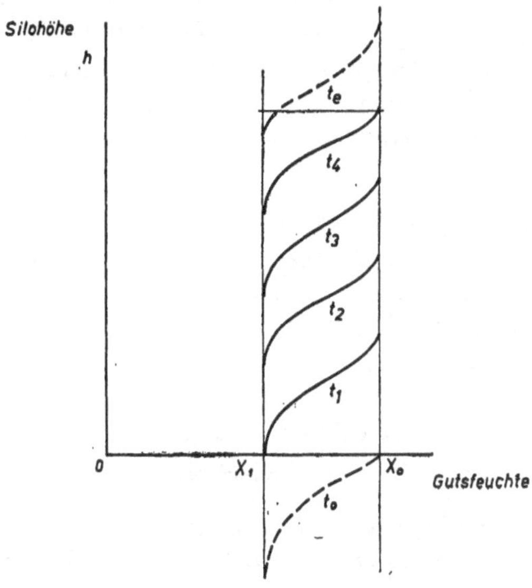

Abb. 10. Das Wandern der Trocknungszone im Getreidestock (t_0, t_1 usw.: Feuchtigkeitsverteilung zum Zeitpunkt t_0; t_1 usw.)

1. Das Gut unterhalb der Trocknungszone steht mit der einströmenden trockenen Luft angenähert im thermodynamischen Gleichgewicht.

2. Die feuchte Luft oberhalb der Trocknungszone befindet sich mit dem Trocknungsgut der ursprünglichen Feuchtigkeit in erster Annäherung im thermodynamischen Gleichgewicht.

3. Während des Durchströmens verliert die Luft soviel ihrer Enthalpie wie zur Verdunstung der Feuchtigkeit und zur Erwärmung des Gutes benötigt wird.

Mit Hilfe dieser Bedingungen kann man die Energie- und die Stoffbilanz aufstellen und den gesamten Trocknungsvorgang im Mollier-i-x-Diagramm für feuchte Luft darstellen.

a) Feuchtigkeitsbilanz (für den Zeitabschnitt Δt)

$$(x_a - x_e)\, G_L \cdot \Delta t = \Delta h \cdot F \cdot \Gamma_s \cdot (X_0 - X_1) \tag{1}$$

Es bedeuten:

x_a, x_e = Austritts- bzw. Eintrittsfeuchtigkeit der Luft [kg/kg]
G_L = Luftmenge [kg/h]
Δh = Wanderungsstrecke der Trocknungsfront in der Zeit Δt [m]
X_0, X_1 = Anfangs- bzw. Endfeuchtigkeitsgehalt des Trocknungsgutes [kg/kg]
F = Querschnitt des Silos [m²]
Γ_s = spezifisches Teilgewicht der Trockensubstanz (Gewicht der Trockensubstanz pro m³ Siloraum) [kg/m³].

b) Energiebilanz

$$(i_e - i_a) \cdot G_L \cdot \Delta t = \Delta h \cdot F \cdot \Gamma_s \cdot [c_{Gs} \cdot (\vartheta_a - \vartheta_e) + c_w \cdot (X_1 \cdot \vartheta_a - X_0 \cdot \vartheta_e)] \tag{2}$$

Es bedeuten:

i_e, i_a = Eintritts- bzw. Austrittsenthalpie der Luft [kcal/kg]
c_{Gs} = spezifische Wärme der wasserfreien Trockensubstanz [kcal/kg grd]
c_w = spezifische Wärme der Feuchtigkeit des Trocknungsgutes [kcal/kg grd]
ϑ_e, ϑ_a = Eintritts- bzw. Austrittstemperatur der Luft (Temperatur des getrockneten bzw. feuchten Trocknungsgutes) [°C].

Verwendet man in Formel (2) anstelle der spezifischen Wärme der wasserfreien Trockensubstanz c_{Gs} die spezifische Wärme des trockenen Gutes $c_{G1} = c_{Gs} + c_w X_1$, so vereinfacht sich die Energiebilanz zu folgendem Ausdruck:

$$(i_e - i_a)\, G_L\, \Delta t = \Delta h \cdot F \cdot \Gamma_s \cdot [c_{G1}\, (\vartheta_a - \vartheta_e) + c_w\, \vartheta_a\, (X_0 - X_1)] \tag{2a}$$

c_{G1} = spezifische Wärme des trockenen Gutes, bezogen auf das Gewicht der wasserfreien Trockensubstanz [kcal/kg grd].

Dividiert man jetzt die Energiebilanz (2a) durch die Feuchtigkeitsbilanz (1), so ergibt sich:

$$\frac{i_e - i_a}{x_e - x_a} = c_w \cdot \vartheta_a - c_{G1} \frac{\vartheta_e - \vartheta_a}{X_0 - X_1} \tag{3}$$

Damit ist die Silotrocknung auf eine Form gebracht, die sich als Zustandsänderung $\frac{\Delta i}{\Delta x}$ im i-x-Diagramm darstellen läßt.

Das hygroskopische Gleichgewicht des Trocknungsgutes wird durch die Linien X = const dargestellt (Abb. 11). Ein bestimmter Zustandspunkt auf einer solchen Linie gibt den Luftzustand an, der mit dem Gut X = const im thermodynamischen Gleichgewicht steht. Deshalb liegt durch die Zustandsgrößen der Trockenluft (x_e, ϑ_e) der Feuchtigkeitsgehalt X_1 des getrockenten Gutes von vornherein eindeutig fest (Punkt E in Abb. 12). Den Punkt A (Abb. 12) der austretenden Luft findet man, indem man vom bereits festliegenden Punkt E aus eine Gerade mit der durch Gleichung (3) ermittelten Neigung mit der Linie $X = X_0$ zum Schnitt bringt.

Betrachtet man Gleichung (3), so findet man, daß der erste Ausdruck $c_w \cdot \vartheta_a$ einer Linie gleicher Kühlgrenztemperatur entspricht, d. h. eine Verlängerung der Nebelisothermen $\vartheta_a = \text{const}$ darstellt. Im zweiten Ausdruck $- c_{G1} \frac{\vartheta_e - \vartheta_a}{X_0 - X_1}$ ist die Temperatur ϑ_a vorerst noch nicht bekannt, so daß er zunächst geschätzt werden muß. Bei Getreide normaler Feuchtigkeit liegt er unterhalb von 40 kcal/kg. Die beiden voneinander abzuziehenden Ausdrücke haben deshalb etwa die gleiche

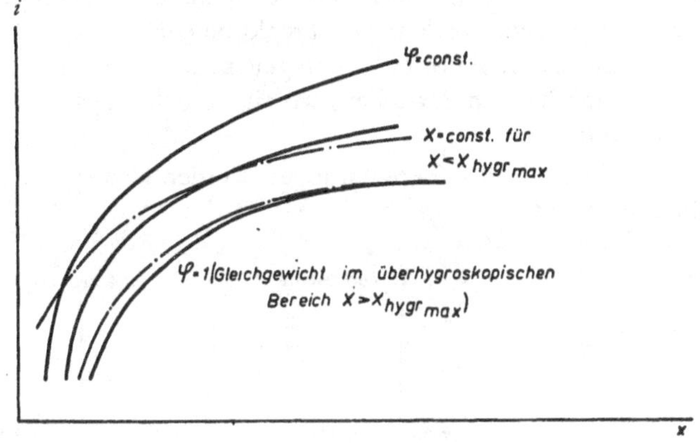

Abb. 11. Kurven gleicher Gutsfeuchtigkeit $X = \text{const}$ im Mollier-i-x-Diagramm (nach [2])

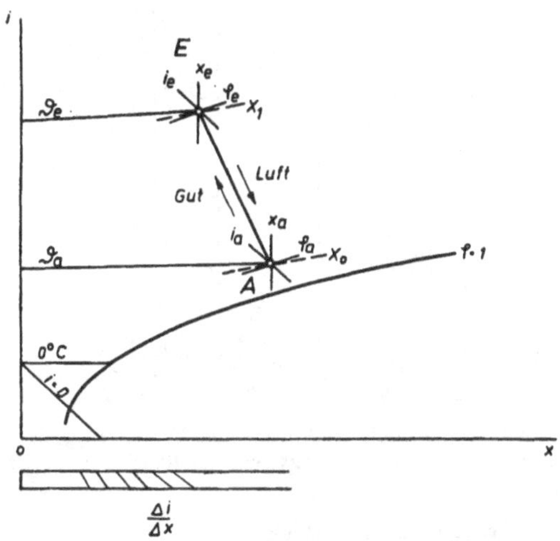

Abb. 12. Die Darstellung der Silotrocknung im Mollier-i-x-Diagramm

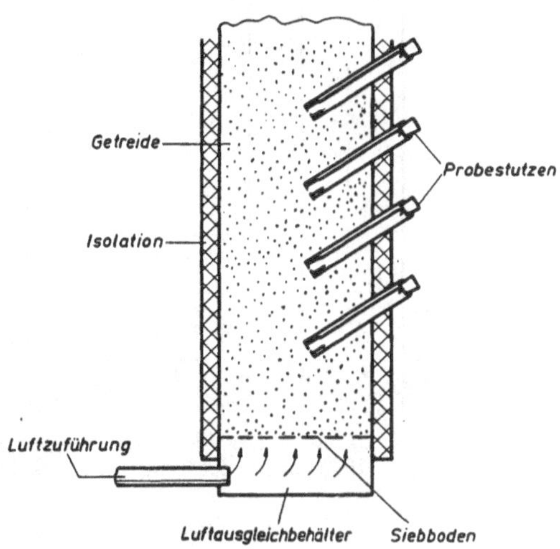

Abb. 13. Aufbau des Versuchssilos (nach [4])

Größenordnung, so daß man in erster Näherung für die Zustandsänderung die Linie $i = \text{const} = i_e$ verwenden kann. Jetzt kann man mit der dadurch gefundenen Temperatur ϑ_a die Schätzung überprüfen und bei größeren Differenzen die Bestimmung von A wiederholen. Es läßt sich auf jeden Fall ein eindeutiger Zustandspunkt A finden, der theoretisch dem Zustand der austretenden Luft bzw. dem Zustand des mit dieser Luft im Gleichgewicht stehenden Gutes entspricht.

Eine praktische Bestätigung für das theoretisch begründete Wandern der Trocknungsfront durch den Kornstock sind die Versuche von WENNER [4].

In Versuchssilos (Abb. 13) wurden in vier verschiedenen Höhen Probestutzen angebracht, die sowohl eine Entnahme von Getreideproben als auch eine Ableitung der Luft zur Bestimmung der Temperatur und der relativen Feuchtigkeit gestatteten. Der experimentell gefundene Verlauf der Trocknung in den verschiedenen Lagerhöhen der Kornsäule ist in Abb. 15 wiedergegeben. Durch entsprechende Auswertung kann man anschaulich darstellen, wie die Trocknungsfront durch den Getreidestock läuft (Abb. 14).

Die angestellten theoretischen Betrachtungen werden also durch die praktischen Versuche vollauf bestätigt.

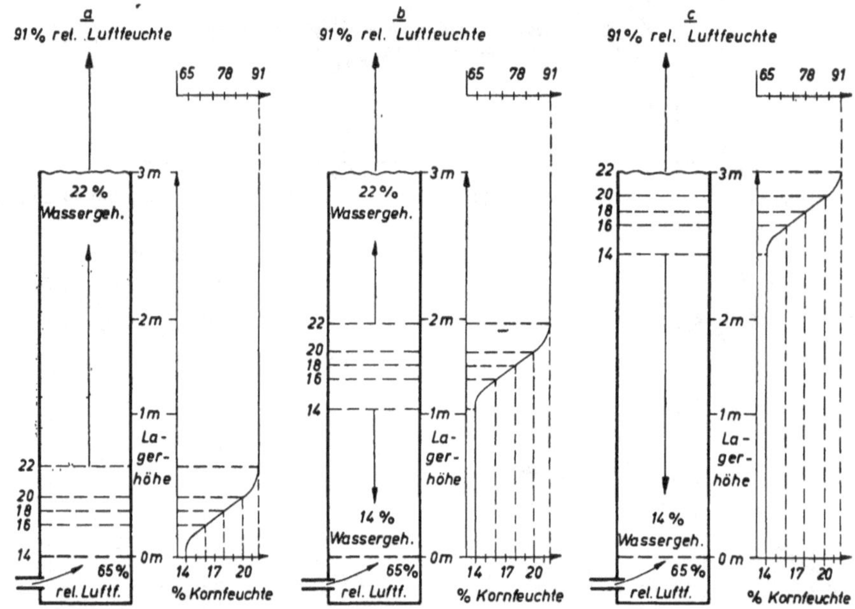

Abb. 14. Das Wandern der Trocknungsfront im Getreidestock. a) Aufbau der Trocknungszone. b) Wandern der Trocknungszone. c) Auslauf der Trocknungszone (nach [4])

Vortrocknung, Vorbefeuchtung

Ein bei der Silotrocknung auftretender eigenartiger Effekt bedarf noch der thermodynamischen Erklärung. Es ist das die Erscheinung der Vortrocknung bzw. Vorbefeuchtung.

Die Vortrocknung wurde bei der Belüftung von Getreide experimentell beobachtet [4]. Im Laufe der Belüftung erfährt das Getreide oberhalb der eigentlichen Trocknungsfront einen geringfügigen Feuchtigkeitsentzug (Abb. 15), und zwar im scheinbaren Widerspruch zu der Behauptung, daß sich oberhalb der Trocknungsfront Gut und Luft im Gleichgewicht befinden.

Der Effekt der Vorbefeuchtung wurde bei der Untersuchung des Trocknungsverhaltens von Luzerne und Zuckerrübenblatt experimentell festgestellt (Abb. 16) [3]. Auch hier steht die Erfahrung wieder in scheinbarem Widerspruch zur Theorie. Dieses Abweichen vom Gleichgewichtszustand kann aber, wenn auch nur qualitativ, anhand des i-x-Diagramms erklärt werden.

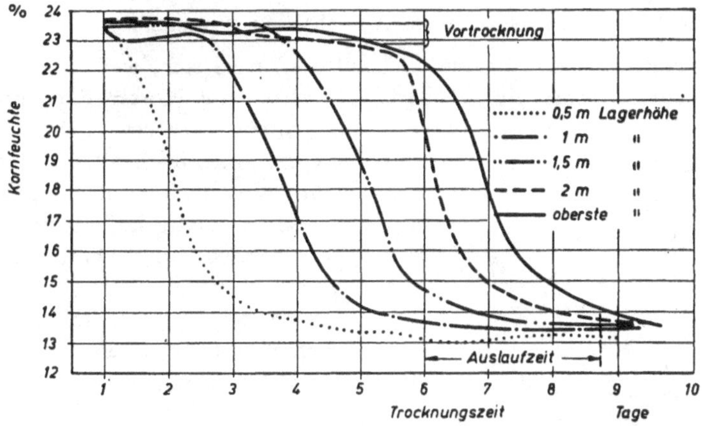

Abb. 15. Der Trocknungsverlauf in verschiedenen Silohöhen (nach [4])

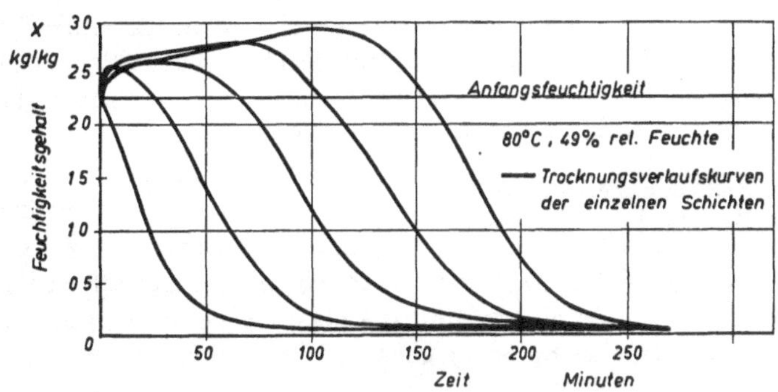

Abb. 16. Der Trocknungsverlauf in verschiedenen Höhen bei Luzerne (aus [3])

Wie bereits abgeleitet wurde, liegt der Zustand der austretenden Luft A für gegebenen Eintrittszustand und gegebene Anfangsfeuchtigkeit des Trocknungsgutes X_0 theoretisch eindeutig fest. In der Praxis braucht aber durchaus keine Übereinstimmung zwischen der theoretischen Temperatur der Luft oberhalb der Trocknungsfront (Punkt A bzw. A' in Abb. 17) und der ursprünglichen Temperatur des feuchten Gutes (Punkt B) zu herrschen.

Bei der Getreidebelüftung wird normalerweise die theoretische Austrittstemperatur (A) niedriger sein als die ursprüngliche Temperatur des Trocknungsgutes (B), weil die Trocknungsluft nicht oder nur wenig über die Temperatur des Trocknungsgutes erwärmt wird. Bei der Grünfuttertrocknung dagegen sind wesentlich höhere

Temperaturen der Trocknungsluft üblich, so daß in diesem Falle die theoretische Austrittstemperatur (A') oberhalb der ursprünglichen Temperatur des Naßgutes (B) liegen wird. Die auftretenden Temperaturunterschiede (A'-B bzw. B-A) führen deshalb zu einem zusätzlichen Wärme- und Feuchtigkeitsaustausch zwischen Gut und Luft. Da die in das i-x-Diagramm eingezeichneten Linien X = const nur für Gleichgewicht gelten, kann der Ausgleichsvorgang zwischen Gut und Luft hier nur in seiner Tendenz bestimmt werden, nicht aber zahlenmäßig.

Die Luft vom Zustand A (Getreidebelüftung) wird sich, weil sie kühler als das Trocknungsgut ist, oberhalb der Trocknungsfront auf Kosten der Enthalpie des feuchten Gutes erwärmen. Dadurch ist sie imstande, noch einen zusätzlichen Betrag an Feuchtigkeit aufzunehmen. Dieser Vorgang äußert sich im Effekt der Vortrocknung. Die Erwärmung der Luft oberhalb der Trocknungszone wurde bereits von WENNER experimentell festgestellt, allerdings wurden zu ihrer Erklärung wesentlich andere Ursachen angenommen (Kornatmung).

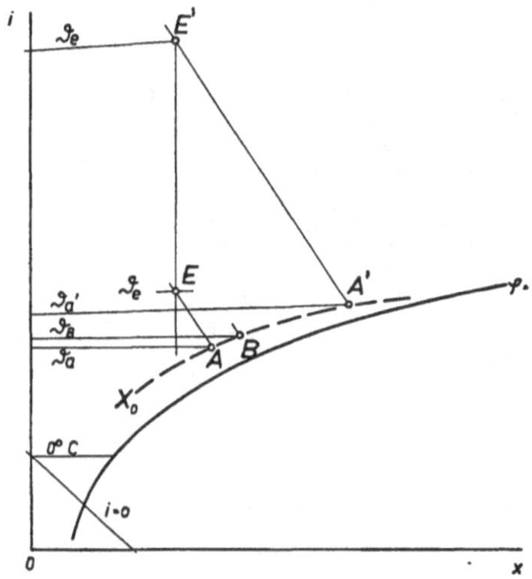

Abb. 17. Die Erklärung der Vortrocknung bzw. Vorbefeuchtung im Mollier-i-x-Diagramm

Die Luft vom Zustand A' dagegen (Grünfuttertrocknung) ist wärmer als das sie umgebende feuchte Gut B. Sie wird sich also abkühlen. Dabei muß sie notwendigerweise Feuchtigkeit abgeben, die ihrerseits vom feuchten Gut noch zusätzlich aufgenommen wird.

Der Temperaturunterschied A'-B ist im allgemeinen wesentlich größer als der Unterschied B-A, so daß für die Vorbefeuchtung von Grünfutter eine größere Enthalpie zur Verfügung steht als für die Vortrocknung beim Belüften von Getreide. Deshalb ist auch der Effekt der Vorbefeuchtung wesentlich ausgeprägter als der der Vortrocknung.

Will man die Vortrocknung bzw. Vorbefeuchtung zahlenmäßig bestimmen, so genügt nicht allein das i-x-Diagramm, sondern es ist außerdem die Kenntnis der Trocknungsgeschwindigkeit in ihrer Abhängigkeit von den verschiedensten Einflußgrößen notwendig. Eine exakte Bestimmung dürfte deshalb mit großem Aufwand verbunden sein.

Zusammenfassung

Nachdem in der letzten Zeit mehrere experimentelle Arbeiten auf dem Gebiete der Trocknung landwirtschaftlicher Trocknungsgüter bekannt geworden sind, ist es wünschenswert, eine Verknüpfung mit den theoretischen Grundlagen der Trocknungstechnik zu suchen.

In vorliegendem Aufsatz wurde nach einem kurzen Überblick über den prinzipiellen Verlauf der Trocknung besonders auf die Silotrocknung von Getreide eingegangen und eine Verbindung mit der Theorie der Trocknung ruhender, durchströmter Schüttgüter hergestellt, wodurch es möglich ist, bei Kenntnis der Sorptionseigenschaften des Trocknungsgutes die Trocknung im voraus zu berechnen.

Für den Effekt der Vortrocknung bzw. Vorbefeuchtung konnte eine einfache Erklärung gefunden werden.

Резюме

После того, как в последнее время многие экспериментальные работы о сушке сельскохозяйственных материалов получили известность, выдвигается необходимость установить связь с теоретическими основами сушильной техники.

В предлагаемой статье, после краткого обзора процесса сушки в общем, в частности обсуждается сушка в закромах для зерна и устанавливается связь с теорией сушки покоящихся, протекаемых насыпных материалов, вследствие чего дана возможность, зная сорбционные свойства высушиваемого материала, заранее исчислить сушку. Относительно действия предварительной сушки или предварительного увлажнения имеется простое объяснение.

Summary

After several experimental reports in the field of drying of agricultural products have recently come to notice it is desirable that a linkage with the theoretical bases of the drying technique should be looked for.

After giving a short survey of the fundamental drying process the present paper dealt particularly with the drying of grain in silos and established a connection with the theory of drying resting, ventilated loose material providing the chance to calculate the drying in advance if the absorption properties of the material to be dried are known.

For the effect of pre-drying or pre-damping a simple explanation could be found.

Literaturverzeichnis

[1]: DIETRICH, N.: Untersuchungen über das Trocknungsverhalten naturfeuchten und angefeuchteten Weizen-Einzelkorns. Diss. T. H. München 1956.

[2]: KRISCHER, O.: Die wissenschaftlichen Grundlagen der Trocknungstechnik Springer 1956.

[3]. SCHNEIDER, A.: Das charakteristische Trocknungsverhalten von Luzerne und Zuckerrübenblatt in Einzelschicht und Schüttungen. Diss. T. H. München 1954.

[4]: WENNER, H. L.: Die Voraussetzungen für die Lagerung und Belüftung von feucht geerntetem Getreide. Berichte über Landtechnik, Nr. 45 (1955).

Aus dem Landmaschinen-Institut der Martin-Luther-Universität Halle-Wittenberg. Direktor: Prof. Dipl.-Ing. Dr. K. RIEDEL

KONRAD RIEDEL

Der Einfluß von Fehlstellen auf den Ertrag von Zuckerrüben in landtechnischer Sicht

Obwohl es nach HEINISCH „wohl Hunderte, wenn nicht gar Tausende von Versuchen gibt, in denen der Einfluß des Standraumes auf Ertrag und Qualität der Zuckerrübe geprüft" [1] wurde, sind gewisse Fragen, die die Landtechnik in diesem Zusammenhang zu stellen hat, nach wie vor ohne befriedigende Antwort geblieben — d. h. ohne eine solche Antwort, aus der die Möglichkeiten und Grenzen des Geräteeinsatzes zuverlässig abgeleitet werden können. Volle Zustimmung ohne jede Einschränkung verdient die Beanstandung, daß in der Praxis der Landwirtschaft die Bestandesdichte, d. h. die Anzahl von Rüben je ha in der jüngsten Vergangenheit vielfach auf Werte abgesunken ist, die Maximalerträge weitgehend ausschließen. Wenn im Jahre 1957 als Durchschnitt der jeweiligen Einzugsgebiete von 34 Zuckerfabriken der DDR die Bestandesdichte z. B. im Bezirk Halle zwischen 45000 bis 75000 gelegen hat [1] und damit in einzelnen Fabrikbereichen einen Durchschnitt von nur 45000 erreicht, so wird dort zweifellos Minderertrag zu verzeichnen gewesen sein. Noch stärkere Ertragseinbußen dürfen z. B. in der Gemeinde Badersleben unterstellt werden, wo ein Bestand von nur 31000 Rüben je ha mitgeteilt worden ist.

Diese angeführten Zahlen waren nach dem Vereinzeln ermittelt, und es gibt Auffassungen, denen sich auch HEINISCH anschließt, daß die „tatsächlichen Bestandeszahlen z. Zt. der Ernte noch um wenigstens 10%, wahrscheinlich auch um wesentlich mehr Prozent niedriger liegen". Ob dies allerdings regelmäßig zutreffen muß, ist m. W. bisher nicht durch Versuche erhärtet. Vom landtechnischen Gesichtspunkt kommt diesem Umstand insofern eine gewisse Bedeutung zu, als für den Einsatz irgendwelcher Mechanismen — sei es zur üblichen Längshacke oder auch zur neuartigen Standraumzumessung — unterschieden werden muß zwischen Bestandesminderungen, die etwa auf den Einsatz eben dieser Einrichtungen zurückzuführen sind, und solchen bisher nicht näher nachgewiesenen Bestandesminderungen, die vielleicht ganz anders geartete Ursachen haben. Es bleibe in diesem Zusammenhang nicht unerwähnt, daß nach einer völlig gleichmäßigen Vereinzelung bei reiner Handarbeit mit einer Bestandesdichte von 80000 Rüben/ha ein Verlust von 10% = 8000 Pflanzen ja nichts anderes bedeutet, als daß 10% Fehlstellen aufgetreten sind. Es wäre denkbar, diese Bestandesminderung auf 72000 Pflanzen dadurch von vornherein ausgleichen zu wollen, daß bei reiner Handarbeit ein Vereinzelungsbestand von 88000 Pflanzen herbeigeführt wird, der nach einem Verlust von wiederum 8000 Pflanzen (in diesem Falle nur knapp 10%) die im Sinne des Ackerbaues gewünschte Bestandesdichte von 80000 wohl aufweist. Auch in diesem Falle jedoch bedeutet der Verlust von 8000 Pflanzen in der Periode zwischen Vereinzelung und Ernte, daß ein Bestand heranreift, der 8000 Fehlstellen aufweist, d. h. 8000 Lücken, in denen der Abstand zwischen zwei Nachbarrüben auf das Doppelte des Normalbestandes angewachsen ist. Auch in diesem Falle wäre also noch immer zu vermuten, daß, sofern eben die Fehlstellen als solche als ertragsdrückender Faktor angesehen werden müssen, eine Ertragsminderung unausbleiblich sei. Zu dieser Auffassung kommt auch HEINISCH, der hervorhebt [1], „daß zu große Standräume der Einzelpflanzen, wie sie sich als Folge der Fehlstellen zwangsläufig ergeben, oft empfindliche Ertragseinbußen zur Folge haben“.

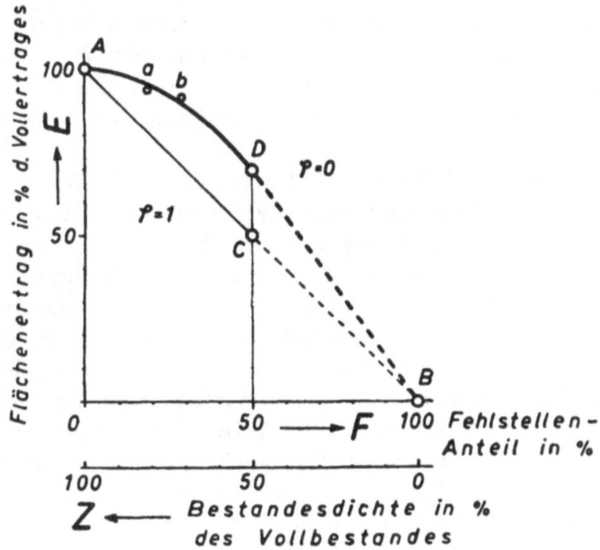

Abb. 1. Zusammenhang zwischen Fehlstellenanteil und Flächenertrag nach deduktiver Auffassung

Daß man bei einer Betrachtungsweise, wie sie dem Ingenieur entspricht, dieser Angelegenheit auch eine andere Seite abgewinnen kann, sei im Folgenden dargelegt:

Die Abb. 1 zeigt ein Diagramm, das deduktiv [3] zur Ermittlung des Einflusses von Fehlstellen entworfen worden ist. Die Punkte A und B entsprechen der Binsenwahrheit, daß bei keinerlei Fehlstellen ein voller Ertrag erwartet werden darf, sowie weiterhin, daß der Ertrag zu Null wird, wenn die Fehlstellen auf 100% der Fläche angewachsen sind. Auch der Punkt C wird keinerlei Widerspruch auslösen, sagt er ja doch nur, daß bei 50% Fehlstellen, sofern sie konzentriert, d. h. beispielsweise sämtlich auf einer Hälfte des Schlages angeordnet sind, nur die Hälfte eines vollen Ertrages erwartet werden kann. Über den Punkt D allerdings sind Auffassungsdifferenzen denkbar. Er soll den Ertrag wiedergeben, der sich bei wiederum 50% Fehlstellen ergibt, die jedoch möglichst gleichmäßig verteilt über die gesamte Fläche auftreten. Es dürfte dies also der Ertrag sein, der erwartet werden kann, wenn die Bestandesdichte bei gleichmäßiger Pflanzenverteilung auf die Hälfte der optimalen Bestandesdichte herabgemindert wurde. Aus der Tatsache, daß im Jahre 1956 [2] bei einem exakten Versuch tatsächlich ein Ertrag angetroffen wurde, der trotz halber Bestandesdichte 90% des Vollertrages aufgewiesen hat, wurde die Berechtigung abgeleitet, diesen Ertrag von 90% (Fehlstellenkonzentration $\varphi = 0$) [3] mit dem Ertrag von 50% (Fehlstellenkonzentration $\varphi = 1$) zu einer Mittelwertsbildung heranzuziehen, die auf den Wert von 70% geführt hat. Nach Kenntnis der Punkte A, B und D wurde durch diese drei Punkte eine Kurve gelegt, die dem Gesichtspunkt Rechnung trägt, daß zwischen Ertrag und Fehlstellenbesatz eine stetige Abhängigkeit bestehen muß, wenn überhaupt eine Korrelation erwartet werden darf. Die zwei Punkte a und b, die aus mündlichen Mitteilungen über umfangreiche Versuche in England zusammenfassend entnommen werden konnten, deuten darauf hin, daß experimentelle Ergebnisse tatsächlich mit dem Kurvenverlauf übereinstimmen, der uns natürlich nur im Bereich zwischen A und D interessieren kann, während die Verhältnisse zwischen D und B außerhalb der praktischen Interesses liegen.

Hinweise von CHR. WINNER zur 21. Tagung des IIRB[1] Februar 1958 in Brüssel haben einerseits nachträglich eine experimentell fundierte Bestätigung der deduktiv gewonnenen graphischen Darstellung nach Abb. 1 erbracht. Sie haben andererseits aufgezeigt, daß dieser Zusammenhang zwischen Fehlstellen und Ertrag möglicherweise auch von anderen Faktoren beeinflußt wird, wie etwa Bodenart, Niederschlagsverhältnisse, Rübensorte, Nährstoffversorgung oder dergl. mehr. Auch kann einer Veröffentlichung von L. D. BAVER [4] entnommen werden, daß Ertragsbeobachtungen und Fehlstellenbeobachtungen unter gewissen Umständen zu Werten führen können, die unterhalb der Linie A B des Diagrammes der Abb. 1 liegen. Es sei jedoch ergänzt, daß in diesem Falle nicht primär die Fehlstellenanteile den Ertragsabfall herbeigeführt haben. Hier hat vielmehr der Anteil an nichtkapillarischem Porenvolumen im Acker sowohl die Ursache dargestellt für einen hohen Fehlstellenbesatz, als auch — und dies in erster Linie — unmittelbar erhebliche Ertragseinbußen verursacht. Beobachtungen entsprechend der Kurve A D setzen voraus, daß als Optimalertrag jeweils derjenige Ertrag optimaler Bestandesdichte angesetzt wird, der einer optimalen oder zumindest normalen Bodenstruktur entspricht und daß die Fehlstellen auf äußere Einflüsse zurückgeführt werden können. Zu der Frage des Zusammenhangs zwischen Fehlstellenauswirkungen auf den Ertrag bei gleichmäßiger Fehlstellenverteilung, d. h. also zugleich in etwa bei gleichmäßigen Standweiten, enthält das Ergebnis der Standweitenversuche in Kleinwanzleben einen äußerst wertvollen Beitrag, der jedoch erst bei intensiverer Betrachtung zu Tage tritt (Tab. 1).

In Auswertung dieser Tabelle ist zunächst zu verzeichnen, daß die Spalte 7, der Zuckerertrag in dz/ha, sich errechnet durch Multiplikation der Spalten 5 und 6, Rübenertrag und Polarisation. Inwieweit der schädliche Stickstoff, der nach Spalte 10 in den Jahren 1953 und 1954 erheblich, im Jahre 1956 wesentlich geringer mit Verminderung der Bestandesdichte zugenommen hat, den Zuckerertrag in dz je ha tatsächlich beeinflußt, geht aus der Zusammenstellung leider nicht hervor, obwohl diesem Zusammenhang größtes Interesse gebührt. Die Korrelation zwischen Zucker-

[1] Institut International de Recherches Betteravières.

Tabelle 1

Standweitenversuche in Kleinwanzleben [1]

Jahr	Standweite in cm	Standraum Einzelrübe cm²	Anzahl der Rüben pro ha bei der Ernte	Rübenertrag dz/ha	Pol. %	Zukkerertrag dz/ha	Refr. %	Asche %	schädl. Stickstoff mg%
1	2	3	4	5	6	7	8	9	10
1953	30×25	750	133 000*	392,8	18,51	72,7	24,3	0,426	20,5
	40×20	800	125 000*	389,6	18,33	71,4	24,0	0,444	22,2
	40×25	1000	100 000*	382,8	18,21	69,5	23,8	0,451	24,2
	40×25	1125	88 000*	381,3	18,16	69,1	23,8	0,458	24,2
	50×25	1250	80 000*	367,2	18,42	67,4	24,1	0,461	33,7
1954	40×16	640	126 000	411,7	17,8	73,2	21,6	0,390	21,5
	40×21	840	113 000	398,8	17,7	70,5	21,6	0,390	23,2
	50×20	1000	90 000	335,2	17,5	58,6	21,6	0,399	24,8
	40×30	1200	88 000	361,2	17,6	63,5	21,5	0,393	25,0
	50×30	1500	60 700	319,0	17,0	54,2	21,2	0,417	25,0
	40×42	1680	56 500	334,8	17,4	60,5	21,4	0,419	29,2
1956	40×18	720	118 500	274,3	16,8	44,09	21,26	0,389	12,50
	50×18	900	94 000	255,1	15,88	40,49	20,85	0,405	12,62
	40×25	1000	88 000	267,8	16,14	43,22	20,84	0,401	12,06
	50×25	1250	71 000	232,0	16,69	36,52	20,88	0,440	15,50
	40×40	1600	57 500	230,5	15,83	36,52	20,72	0,442	14,25
	50×40	2000	47 500	217,4	15,64	33,95	20,45	0,460	15,65

* theoretische Pflanzenzahl

Tabelle 2

Jahr	Bestandesdichte		Zuckerertrag	
	Tausend/ha	rel.	dz/ha	rel.
1953	133	100	72,7	100
	125	94	71,4	98
	100	75	69,5	95
	88	66	69,1	95
	80	60	67,4	93
1954	126	100	73,2	100
	113	90	70,5	96
	90	71	58,6	80
	88	70	63,5	87
	61	48	54,2	74
	56	44	60,5	83
1956	118,5	100	44,09	100
	94	79	40,49	92
	88	74	43,22	98
	71	60	36,52	83
	57	48	36,52	83
	47	40	33,95	77

ertrag und Bestandesdichte tritt deutlicher in Erscheinung, wenn man sie grafisch und nicht nur tabellarisch betrachtet. Zu diesem Zwecke wurde für die drei aufgeführten Jahre sowohl die Bestandesdichte, wie auch der Ertrag in Relativwerte umgerechnet (Tab. 2). Der höchste Bestand des Jahres wie auch der höchste Zuckerertrag des Jahres sind dabei als jeweils 100% gesetzt worden. Die grafische Darstellung in Abb. 2 läßt erkennen, daß von den verarbeiteten 14 Werten 13 in den Bereich zweier Hüllkurven fallen. Deren Tendenz entspricht weitgehend der Kurve A D der Abb. 1. Lediglich einer der Werte fällt erheblich aus diesem Hüllkurvenbereich heraus. Trägt man in die beiden den Streubereich begrenzenden Hüllkurven des Weiteren eine Kurve ein, die den Zusammenhang zwischen dem Ertrag E (relativ) und dem Fehlstellenanteil F (relativ) in der Form einer Gleichung

$$E = 100 - 0{,}01\,F^2 \quad [\%]$$

wiedergibt, wie dies mit der strichpunktierten Linie in Abb. 2 geschehen ist, so kommt damit augenscheinlich eine Mittelwertskurve zur Darstellung, oder zumin-

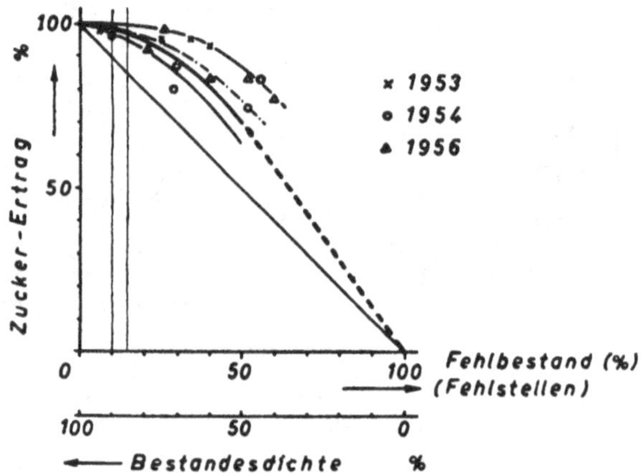

Abb. 2. Zusammenhang zwischen Fehlstellenanteil und Zuckerertrag in Auswertung Kleinwanzlebener Versuche

dest eine Kurve, die sich im interessierenden Bereich so dicht an eine wahre Mittelwertskurve anschmiegt, daß man sie bei gleicher Einfachheit kaum durch eine treffendere mathematische Formulierung wiedergeben kann. Sie führt bei 50% Bestandesminderung zu einem Ertrag von 75% und liegt damit um 5% höher, als im Diagramm 1 deduktiv ausgewiesen worden ist. Betrachtet man diese Mittelwertskurve als repräsentativ für die Verhältnisse einer größeren Anzahl von Jahren, so ist mit ihr nachgewiesen, daß Fehlstellenanteile in der Größenordnung von 10—15% keine größeren Ertragsminderungen im Mittel der Jahre erwarten lassen, als etwa 1 bis 2,25%, sofern sie nicht „konzentriert" auftreten.

Es sei nochmals ausdrücklich betont, daß damit keinen abnormen Bestandesminderungen zugestimmt werden soll. Es sei jedoch zugleich darauf aufmerksam gemacht, daß ein starres Festhalten an den Methoden der reinen Handarbeit mit dem Ziel, die Fehlstellen theoretisch völlig auszuschalten, keine ertragssteigende Wirkung hat, wenn man von diesen 1 bis 2,25% absieht. Auch die technisierte Standraumzumessung enthält natürlich nicht das Ziel, Fehlstellen zu erzeugen. Je näher jedoch die Bestandesdichte unmittelbar durch Saattechnik oder Ausdünnverfahren an die gewünschte Zahl von 80000 Pflanzen/ha heranführt, und je weiter damit der verbleibende Handarbeitsaufwand abgesenkt wird — es gibt Länder, in denen bereits keinerlei Handarbeit mehr für die Rübenpflege aufgewandt wird —, um so größer wird zweifellos die Tendenz, daß die Fehlstellen zunehmen. Nachdem von ackerbaulicher Seite über eine maximale Zahl der Zulässigkeit von Fehlstellen trotz häufiger Fragen bisher keine Antwort erteilt worden ist, dürfte nach den vorliegenden Ausführungen davon auszugehen sein, daß zwischen 10—15% Fehlstellenanteil selbst unter Berücksichtigung einer gewissen Unregelmäßigkeit der Pflanzenverteilung innerhalb einer nach wie vor als optimal geltenden Bestandesdichte von beispielsweise 80000/ha der Ertragsausfall weder betriebswirtschaftlich noch volkswirtschaftlich eine Rolle spielt.

Volkswirtschaftlich kann, da bei technisiertem Ausdünnen Handarbeitsersparnisse von 50 und mehr Stunden/ha zu beobachten sind, mit gleichem Pflegeaufwand eine Rübenfläche angebaut werden, die erheblich größer wird als bisher und damit den geringfügigen Ausfall an Zucker mehr als ausgleicht. Auch betriebswirtschaftlich ist im Rahmen der wirtschaftlichen Rechnungsführung bei einem Minderertrag von ca. 2%, d. h. von ca. 7 dz Rüben, die technisierte Vorbereitung der Standraumzumessung durchaus vertretbar, da die Minderung im Aufwand erheblich höher liegt, als die Minderung im Ertrag.

Tabelle 3
Fehlstellenanteil vor und nach Einsatz des Ausdünnstriegels

	Nach Aufgang		Nach Ausdünnen	
	Durchschnitt %	Extremwerte %	Durchschnitt %	Extremwerte %
Versuche				
1956	0,4			0,8…1,2
1957 Normalsaat	2,3			4,1…7,5
Monogerm	5,4			6,2…10,7
1958 Normalsaat	0,02	0…1,3	2,1	0…5
Praxis-Einsätze				
1956	2,5	0…7,5	4,2	0,8…8
1957	3,3	0…6,7	5,2	0,8…10

In diesem Zusammenhang wird interessieren, daß, wie Tab. 3 ausweist, bisher beim Einsatz des Ausdünnstriegels — dies ist bei dem rotierenden Ausdünngerät ebenfalls nicht anders zu erwarten, solange man sich mit einer Bestandesminderung auf ca. 25 Pflanzen je m² bzw. auf 10 Pflanzen je m Drillreihe begnügt — weder im Versuch noch im MTS- und LPG-Einsatz auf ca. 1000 ha eine solch hohe Toleranz in Anspruch genommen worden ist. In der Regel sind die bereits vom Drillen her bzw. vom Aufgang her entstandenen Fehlstellenanteile durch das Ausdünnen nicht über einen Durchschnitt von insgesamt 5% hinaus angewachsen. Um wieviel weniger also kann eine generelle Ertragseinbuße aus dem technisierten Ausdünnen abgeleitet werden!

Alle bisher angestellten Überlegungen betreffen den Vergleich zwischen Flächen, die einerseits optimal und ausschließlich durch Handarbeit vereinzelt werden, und anderen Flächen, bei denen ein Teil der Handarbeit durch Einsatz technischer Hilfsmittel ersetzt worden ist. Ein Vergleich in dieser Form ist theoretischer Natur und entspricht nicht den Realitäten der Praxis.

In der Praxis wird es sich vielfach darum handeln, daß ein bestimmter Rübenschlag entweder mit Hilfe technisierter Verfahren einem Optimalertrag zugeführt werden kann (wenn auch vielleicht mit der Einschränkung, daß nur 98% des Optimalertrages erwartet werden dürfen), während auf der anderen Seite bei Verzicht auf das technisierte Verfahren infolge Versäumnis der günstigsten agrotechnischen Termine oder infolge Verschlechterung der ackerbaulichen Bedingungen, z. B. durch Verunkrautung, ein Ertrag vorbereitet wird, der ebenfalls vom Optimalertrag abweicht. Wie groß die Abweichung vom Optimalertrag aus diesen zuletzt genannten Gründen werden kann, läßt sich im Rahmen der vorliegenden Darstellung kaum erörtern. Mit Sicherheit jedoch ist in solchen Fällen mit Einbußen zu rechnen, die erschreckend hoch liegen können. Vor einigen Jahren waren gelegentlich im Juni oder Juli Rübenschläge anzutreffen, die kaum als solche erkennbar waren. Mangel an ausreichenden Arbeitskräften zur richtigen Zeit hatten in diesen Fällen zu einer völligen Verunkrautung geführt, die schließlich den Ertrag auf Null herabgedrückt hat: praktisch war also hier ein Totalverlust eingetreten. Über den Umfang derartiger Totalverluste können Schätzungen vom Verfasser nicht vorgenommen werden. Der Verdacht jedoch liegt nahe, daß diese Totalverluste, selbst wenn sie nur relativ selten auftreten, zusammen mit Ertragsminderungen infolge von Nährstoffentzug durch Unkraut u. dgl. in Summa eine sehr viel höhere Verlustquote auslösen, als diese 2%, mit denen auf Grund einer begrenzten Fehlstellenerwartung nach technisiertem Verfahren der Standraumzumessung im Durchschnitt der Jahre maximal gerechnet werden kann.

Zusammenfassung

Es wird hervorgehoben, daß unter Auswertung langjähriger, exakter ackerbaulicher Versuchsarbeiten und -ergebnisse eine Korrelation zwischen Fehlstellenanteil und Ertrag in mathematischer Eindeutigkeit — wenn auch mit einem gewissen, im biologischen Geschehen unvermeidlichen Streubereich — als effektiv erscheint. Diese Korrelation $E = 100 - 0{,}01\ F^2$ gestattet, eine Antwort abzuleiten auf die Frage, bis zu welchem Grade Fehlstellen in Rübenbeständen infolge technisierter Standraumzumessung als unbedenklich angesehen werden können. Als Toleranz wird ein Fehlstellenanteil von 10 bis 15% maximal vorgeschlagen.

Резюме

Указывается на то, что оценивая долголетние точные агрономические опыты и опытные результаты, корреляция между долей пробелов в посевах и урожаем с математической ясностью кажется эффективной, допуская, однако, известные в биологическом процессе неизбежные пределы дисперии. Эта корреляция $E = 100 - 0{,}01\ F^2$ позволяет производить ответ на вопрос, до какой степени пробелы в посевах свеклы, вследствие технизированного отведения площади питания, могут считаться не вызывающими опасения. В качестве допуска предлагается удельный вес пробелов максимально с 10 до 15%.

Summary

On account of exact agricultural experiments and results of many years a correlation between the percentage of missing pilots and yield seems to be effective with mathematical unequivocalness, though there is a certain range of variation unavoidable in biology. This correlation $E = 100 - 0{,}01\ F^2$ permits to derive an answer to the question to which extent missing plots in beets, due to a mechanized distribution of plant spaces, can be regarded as unobjectionable. A maximum percentage of missing plots of 10—15% is suggested as tolerance.

Literaturverzeichnis

[1] HEINISCH, O.: Der Einfluß der Bestandesdichte auf Ertrag und Qualität der Zuckerrüben. In: Die Deutsche Landwirtschaft 1958, **9**, H. 6, 268—272.

[2] RIEDEL, K.: Die Standraumzumessung als Technisierungsproblem der Rübenpflege. Kühn-archiv 1956, **70**, 216—282.

[3] RIEDEL, K.: Zur Fehlstellen-Toleranz bei der Zuckerrübenpflege. In: Zucker 1956, **9**, H. 22, 547—550.

[4] BAVER, L. D.: Soil Physics, **III**. Ed. 204. New York 1956.

Aus dem Landmaschinen-Institut der Martin-Luther-Universität Halle-Wittenberg. Direktor: Prof. Dipl.-Ing. Dr. K. RIEDEL

KARL FRITZSCH

Keimleistung[1] und Singularitätsgrad der verschiedenen Zuckerrüben-Saatgutformen im Hinblick auf die Einzelkornsaat

1. Vorbemerkungen

Die Veranlassung zu den vorliegenden Untersuchungen ergab sich aus der Bearbeitung des Problemkreises „Technik in der Rübenaussaat". Für diesen wie für den größten Teil des arbeitsökonomisch aktuelleren Problemkreises „Technik in der Rübenpflege" ist ein und derselbe technologische Komplex bestimmend, nämlich die Standraumzumessung der Pflanzen.

Es ist die unmittelbare Aufgabe der Technik des Säens, dem Samenkorn seinen Ort im Boden zuzuweisen. Im Regelfall, also bei den meisten Getreidearten, Hülsen- und Ölfrüchten, ist mit der dabei erzielten Verteilung in hohem Grade auch der Standraum der Einzelpflanzen vorbestimmt. Die Bestandesbildung ist dann lediglich biologischen Einflüssen unterworfen und der technologische Komplex „Standraumzumessung" reduziert sich zur saattechnischen Grundaufgabe. Bei der Aussaat von Zuckerrüben würde diese Reduktion den Verzicht auf die gegenwärtig gültigen Standraumqualitäten erfordern, der eine unannehmbare Ertragseinbuße zur Folge hätte.

Gemäß dem Anteil der Einzelpflanze am Gesamtertrag eines Bestandes nimmt mit dem Ausmaß des von ihr beanspruchten Standraumes auch ihre individuelle Bedeutung zu. Der Verlust einer Pflanze wiegt schwerer, und dementsprechend steigen die dem Standraum zugebilligten Toleranzen mit ihm nur im absoluten Betrag an, während der relative Toleranzbetrag abnimmt.

Die Notwendigkeit einer nachträglichen Korrektur der mit saattechnischen Mitteln erzielten Pflanzenfolge ergibt sich indes nicht in erster Linie aus maschinentechnischen Unzulänglichkeiten, sondern geht primär auf pflanzenphysiologische und ackerbauliche Ursachen zurück. Gleichwohl ist die Erkenntnis jener Ursachen und ihrer Beziehungen von entscheidendem Belang für die landtechnische Entwicklung auf dem Gebiet der Rübenaussaat.

Nach einleitender Abhandlung der Zuckerrüben-Saatgutformen werden an Hand 3jähriger Versuchsergebnisse deren saattechnisch bedeutsamste Keimeigenschaften herausgestellt.

2. Das natürliche Saatgut der Zuckerrübe und seine technisch bearbeiteten Formen

2.1 Normalsaatgut

Das natürliche Saatgut der Beta-Rüben entwickelt sich überwiegend aus knäulartigen Fruchtständen, die durch Verwachsung benachbarter Einzelblüten zustande

[1] Keimleistung bezieht sich hier nicht auf den Leistungsbegriff der Mechanik, sondern umfaßt die Ergebnisse von Keimprüfungen, namentlich die Keimfähigkeit und den Feldaufgang.

kommen. Bis zur Reife ist die Verwachsung der Früchte so vollständig gediehen, daß eine histologische Gliederung kaum mehr wahrnehmbar ist. Die Knäule bergen überwiegend zwei bis drei, in weniger häufigen Fällen einen oder auch bis zu sechs und mehr Samen (Abb. 1). Äußerlich erkennbar wird die Anzahl der Samen im Knäul durch die Deckelchen, welche die Fruchtschale abschließen. Aus den mehrsamigen Knäulen entwickeln sich im Saatbett auf engstem Raum Keimpflänzchen, deren Wurzeln sich in zunehmendem Maße ineinanderschlingen und verflechten. Die Vereinzelung führt daher zu um so bedeutenderen Wachstumsstörungen und

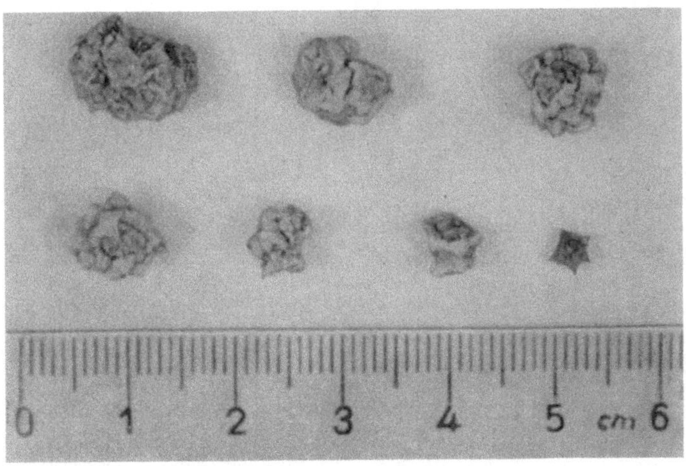

Abb. 1. Zuckerrüben-Normalsaatgut. Links oben: Knäul von sieben Früchten, rechts unten: Einzelfrucht

Ertragsdepressionen, je länger sie auf sich warten läßt und je dichter der Pflanzenbestand steht. ROEMER [15] beziffert die Ertragseinbuße je Tag verzögerter Vereinzelung mit 1,5 bis 2 dz/ha.

Die mit der Polyspermie des Rübensaatgutes verbundenen Schwierigkeiten erkannte schon ACHARD, doch ließen die ersten brauchbaren Lösungen zu ihrer Überwindung mehr als ein Jahrhundert auf sich warten. Seit Jahrzehnten schon arbeiten Pflanzenzüchter an der Gewinnung einzelfrüchtigen Saatgutes, ohne bisher völlig ans Ziel gelangt zu sein. Neben der aus der Selektion natürlicher Mutanten und der Auslösung künstlicher Mutationen sich ergebenden Möglichkeiten bedient man sich hierbei der Kreuzung von Kulturrüben mit einzelfrüchtigen Wildrübenarten. Nach HEINISCH [4] erbrachte die Arbeit an Nachkommenschaften von *Beta lomatogona* F. et M. mal *Beta vulgaris* L. zufriedenstellende Ergebnisse, „so daß in absehbarer Zeit mit brauchbaren einzelfrüchtigen Sorten gerechnet werden kann“. Zur Zeit ist jedoch die Praxis noch ausschließlich auf künstlich „monogermes“[1] Saatgut angewiesen.

[1] HEINISCH weist in oben erwähntem Artikel darauf hin, daß die Bezeichnung „monogerm“ (einkeimig) nicht ganz zutreffend sei, da der Samen von Beta-Rüben bis auf einen Anteil von etwa 0,15‰ stets einkeimig ist. Abweichend von seiner eigentlichen Bedeutung besagt der Begriff „Monogermsaatgut“, daß es sich dabei um Einzelfrüchte oder um Teilstücke mehrfrüchtiger Knäule mit einer oder vorwiegend einer Frucht handelt.

2.2 Monogerm

Mit der mechanischen Aufbereitung des Rübensaatgutes zu Monogermsamen wurde eine Interimslösung gefunden, deren sich der Rübenbau solange mit Vorteil bedienen wird, bis seitens der Züchtung ausreichend natürliches M-Saatgut angeboten wird. In Deutschland wird seit 1939 nach einem technischen Verfahren von KNOLLE Monogerm erzeugt (Abb. 2). Bei diesem Verfahren erfolgt die Zertrümmerung (Segmentierung) in Spezial-Spaltscheibenmühlen, und die Bruchstücke werden nachfolgend bestimmten Reinigungs- und Sortiervorgängen unterzogen.

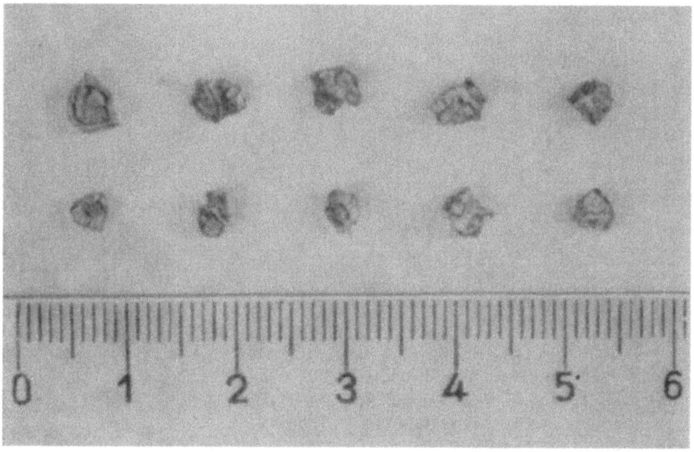

Abb. 2. Segmentiertes Monogerm-Saatgut

Einziger Zweck der Segmentierung ist die Minderung der Samenzahl im Knäul. Die technologischen Eigenschaften des Rübensaatgutes, also seine Aussaatfähigkeit, werden hingegen ungünstig beeinflußt.

2.3 Bigerm

Neben der Segmentierung wurde später das Polieren des Rübensaatgutes angewandt, ein Vorgang, der weniger rigoros in die Struktur der Knäule eingreift und kaum zu höherer Einkeimigkeit führt, der jedoch eine Verbesserung der technologischen Eigenschaften bewirkt. In der DDR wird poliertes Saatgut nach einem an der Forschungsstelle für Landarbeit Gundorf entwickelten Verfahren erzeugt [10], das als sog. „Bigerm-Saatgut“ (Abb. 3) in den Handel kommt.

2.4 Pilliertes Saatgut

Eine weitere Art der technischen Bearbeitung des Rübensaatgutes ist die Pillierung. Sie ist lediglich als Maßnahme zur Verbesserung der technologischen und in gewisser Hinsicht auch keimphysiologischen Eigenschaften von Monogerm-Saatgut zu werten. Die Pillierung ist in den letzten Jahren in verschiedenen Ländern aufgegriffen worden. Der Gedanke ist an sich schon Jahrzehnte alt und wurde ursprünglich an die Technik der Einzelkornsaat geknüpft. Von dem Österreicher J. WALDECKER [18] sind in den Jahren 1920 und 1921 praktische Versuche mit „Saatkugeln" durchgeführt worden, und er erwarb auf seine Erfindung in Österreich, der Schweiz und Deutschland Patente. Als Hüllmasse gebrauchte er Torfmull und

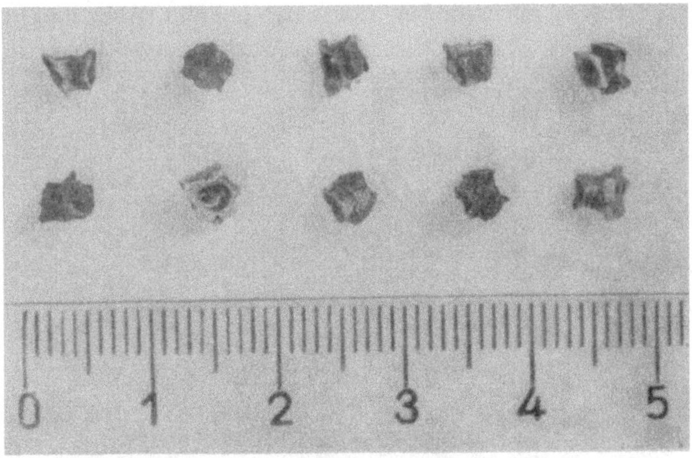

Abb. 3. Bigerm-Saatgut Gundorfer Herkunft

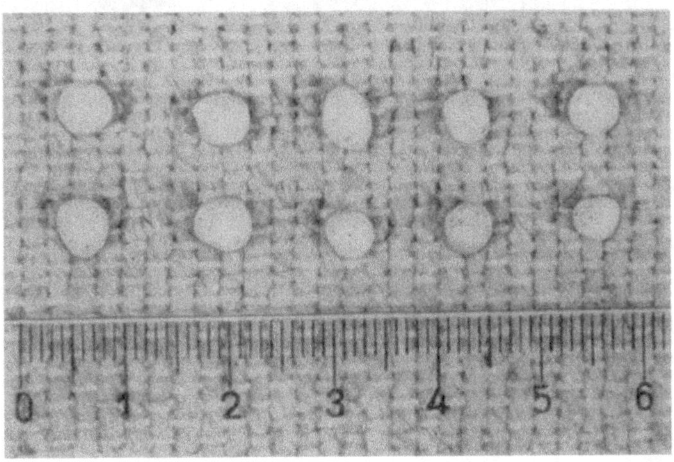

Abb. 4. Pilliertes Saatgut des VEB in Köthen

Kunstdünger in einem Mischungsverhältnis, das ausreichende Quellbarkeit und Elastizität gewährleistete. In der neueren Literatur [17] wird von dem Amerikaner Ph. VOGELSANG berichtet, der die Umhüllung von Monogermsaatgut mit Feldspatstaub und einem Bindemittel aus Kunstharz vornimmt. Der Hüllmasse werden außerdem Nährstoffe und Wuchshormone, sowie fungicide und baktericide Stoffe beigefügt, die den Keimling in Wachstum und Entwicklung fördern bzw.

vor Infektion und Schädlingsbefall schützen. Selbst eine Beifügung von ferromagnetischen Stoffen zur Hüllsubstanz ist in Erwägung gezogen worden, um die Einzelkornsaat mit magnetischen Systemen zu ermöglichen.

Die Herstellung pillierten Saatgutes erfolgt in der DDR durch den VEB für pilliertes Saatgut in Köthen. Es wird dort hauptsächlich segmentiertes Monogermsaatgut mit vorwiegend mineralischen Substanzen umhüllt (Abb. 4 und 5).

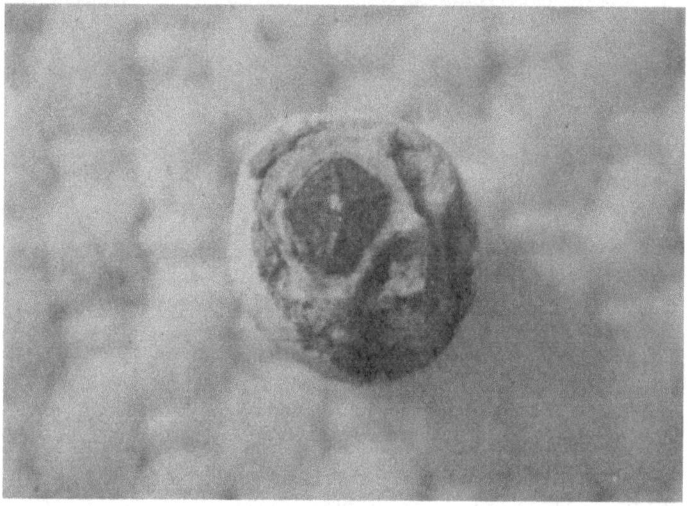

Abb. 5
Geöffnete Pille. Das Deckelchen des Monogerm-Segments ist sichtbar

3. Der Singularitätsgrad der Zuckerrüben-Saatgutformen

In den Betrachtungen des vorstehenden Abschnitts sind Ursachen und Folgen der Polyspermie sowie die Bemühungen um ihre Minderung hervorgehoben worden. Die Bedeutung derselben wurde der Praxis bereits durch Verwendung von Monogerm statt Normalsaatgut bei Aussaat mit der Universal-Drillmaschine sinnfällig. Bei der Einzelkornsaat von Zuckerrüben ist die Verwendung von Saatgut eines bestimmten Grades der „Einkeimigkeit" die Voraussetzung für den Erfolg. Eine vergleichende Beurteilung der Saatgutformen kann, wie noch zu zeigen ist, ohne Berücksichtigung der Anzahl der Samen im Knäul nicht durchgeführt werden. Auch die Wahl der unter bestimmten Bedingungen günstigsten Saatgutform wird davon abhängen.

Für die Anzahl der Samenanlagen im Knäul und weitere analoge Werte soll hier der Begriff „Singularitätsgrad" eingeführt werden. Es zeigt sich, daß bei Keimung unter den Normbedingungen im Labor und des weiteren im Feldaufgang die Keimzahl pro Knäul nicht unverändert bleibt. Keimfähigkeit und Feldaufgang bestimmen die Veränderungen im „Singularitätsgrad" einer Saatgutpartie.

Als Singularitätsgrad S eines Saatgutes wird hier dessen durchschnittliche Samen-, Keim- oder Pflanzenzahl pro Knäul bezeichnet. Die Kennzeichnung kann also

1. auf Grund des morphologischen Befundes (Zählung der Deckel im Knäul = Anzahl der Samenanlagen) nach dem Quotienten

$$\frac{\text{Samenanlagen}}{\text{Knäule}} = S_\alpha,$$

2. auf Grund der Keimprüfung im Labor nach dem Quotienten

$$\frac{\text{Keime}}{\text{gekeimte Knäule}_L} = S_\beta \quad \text{und}$$

3. nach den Ergebnissen von Feldaufgangsversuchen nach dem Quotienten

$$\frac{\text{Pflanzen}}{\text{gekeimte Knäule}_F} = S_\gamma \quad \text{erfolgen.}$$

Völlige Singularität ($S = 1$) ist nur durch Handauslese natürlich oder künstlich singulärer Knäule zu erreichen.

Die Reihenfolge für die weitere Abhandlung der vom Standpunkt der Einzelkornsaat interessierenden biologischen Eigenheiten unserer Saatgutformen soll in vorliegendem Falle den Aspekten des Singularitätsgrades entsprechen.

4. Die Keimeigenschaften der Zuckerrüben-Saatgutformen

4.1 Keimfähigkeit

Als Hauptmerkmal der Qualität einer Saatgutpartie wird gemeinhin die Keimfähigkeit gewertet. Nach den „Technischen Vorschriften für die Prüfung von Saatgut“ [1] wird sie als Prozentsatz überhaupt gekeimter Knäule angegeben. Daraus erklärt sich die mit der Zahl der Samen pro Knäul steigende Keimfähigkeit des Rübensamens, eine Erscheinung, für die man bei der Beurteilung von Monogermsaatgut bisher wenig Verständnis aufbrachte. Eine objektive Wertung der Saatgutformen nach der Keimfähigkeit ist ohne Berücksichtigung des Singularitätsgrades nicht möglich, denn die Wahrscheinlichkeit für das Aufkeimen wenigstens eines Pflänzchens aus einem Knäul wächst mit der Zahl der im Knäul vorhandenen Samen.

Ohne bereits an dieser Stelle eine Diskussion über die Korrelation zwischen Singularitätsgrad und Keimung zu beginnen, seien nachfolgend die Werte aus Keimprüfungen von Zuckerrübensaatgut *Kleinwanzlebener E* und *N* und des in der Zertrümmerungsanlage Wallwitz daraus hergestellten segmentierten Monogermsaatgutes aufgeführt (Tab. 1). Die genannte Anlage wurde in den Jahren 1947 bis 1954 vom Landmaschinen-Institut Halle verwaltet und wissenschaftlich betreut. Das 8jährige Mittel stellt bei den Werten für Normalsaatgut den Durchschnitt von 1200 und bei Monogerm den Durchschnitt von 2400 amtlichen Untersuchungen dar.

Nach den Werten des 8jährigen Mittels erbringt 1 kg des Normalsaatgutes wie auch des segmentierten Saatgutes im Labor etwa 85000 Keime. Dies Zahl entspricht annähernd der pro ha als Erntebestand geforderten Pflanzenzahl. Teilweise Mehrkeimigkeit des Saatgutes, unvollständiger Feldaufgang, Bestandesverminderung durch Schädlinge und Krankheiten, sowie die Unzulänglichkeit der Standraumzumessung allein durch die Technik der Aussaat bringen es jedoch mit sich, daß 1 kg Saatgut nicht ausreicht, einen voll ertragsfähigen Pflanzenbestand zu erzielen. In der Praxis wird die 10- bis 12fache Menge ausgesät.

Tabelle 1

Ergebnisse von Keimprüfungen an Zuckerrüben-Saatgut *Kleinwanzlebener E* und *N*

Jahr	Keimfähigkeit %		Reinheit %		TKG[1]) g		S_β	
	N[2])	M[3])	N	M	N	M	N	M
1947	86,5	79,0	97,6	96,6	20,10	13,50	1,91	1,43
1948	82,8	73,5	97,8	95,4	18,10	10,85	1,93	1,39
1949	82,0	78,2	98,0	95,2	18,12	12,30	1,78	1,35
1950	85,2	79,3	98,8	95,6	17,80	12,08	1,81	1,36
1951	89,5	86,6	97,6	92,8	18,10	11,90	1,87	1,36
1952	88,0	85,2	97,0	92,0	17,32	12,30	1,80	1,38
1953	84,5	83,0	95,0	91,0	17,45	11,80	1,85	1,33
1954	83,5	83,5	92,0	90,0	16,70	12,15	1,83	1,33
Mittel	85,3	81,0	96,7	93,6	18,00	12,10	1,85	1,37

[1]) 1000-Knäul-Gewicht [2]) Normalsaatgut [3]) Monogerm

4.2 Feldaufgang

Der Feldaufgang des Zuckerrüben-Saatgutes ist im Vergleich zu anderem landwirtschaftlichen Saatgut gering. Diesem Umstand und der Polyspermie der natürlichen Knäule ist es zuzuschreiben, daß der Erfolg von saattechnischen Maßnahmen stark gemindert wird, wenn nicht gar völlig ausbleibt. Eine unmittelbare Folge dieser Schwierigkeiten ist der nach wie vor zu hohe Handarbeitsaufwand in der Rübenpflege.

Wenngleich beide Tatbestände nicht völlig zu beheben sind, so kommt der eingehenden Kenntnis entsprechender Richtwerte weittragende Bedeutung zu. Die Wahl der jeweils geeigneten Saatgutform und die richtige Bemessung der Aussaatmengen oder Kornabstände schaffen die Voraussetzungen für eine arbeitsparende Rübenpflege.

Der Begriff „Feldaufgang" ist zu definieren als Quotient aus der Zahl der aufgelaufenen Keimpflanzen zur Zahl der ausgelegten Samen.

Diese einfache Formulierung ist in allen den Fällen ausreichend, in denen das Saatgut aus Einzelfrüchten bzw. Einzelsamen besteht. Für das synaptosperme Saatgut der Beta-Rüben ist sie nicht eindeutig. Es ergibt sich hier die Notwendigkeit, den Feldaufgang als „Knäulaufgang" oder als „Samenaufgang' 'zu bestimmen. Im ersteren Falle wird das Knäul (auch Knäulbruchstück oder Pille) als Einheit aufgefaßt, ungeachtet der in ihm enthaltenen Anzahl Samenanlagen, in letzterem die Samenanlage selbst.

$$\frac{\text{gekeimte Knäule}}{\text{ausgelegte Knäule}} \cdot 100 = \text{Knäulaufgang in \%} \qquad (1)$$

$$\frac{\text{Keimpflanzen}}{\text{Samenanlagen}} \cdot 100 = \text{Samenaufgang in \%} \qquad (2)$$

Der Knäulaufgang nach Formel (1) entspricht lediglich rechnerisch der Keimfähigkeit, wogegen zum Samenaufgang nach Formel (2) im Rahmen der amtlichen Keimprüfung im Labor kein analoger Wert ermittelt wird, denn man sieht von einer Zählung der Samenanlagen der einzukeimenden Knäule ab.

Mit den Verrechnungsweisen nach (1) und (2) sind die beiden Möglichkeiten der Darstellung des Feldaufganges in unmittelbarer Bezogenheit genannt. Aus beiden aber ergeben sich in versuchstechnischer Hinsicht erhebliche Einschränkungen: Die im Falle (2) erforderliche Ermittlung der Deckelzahl ist äußerst schwierig und zeitraubend und kann nur für kleine Saatgutproben mit Sicherheit erfolgen, und die für (1) vorauszusetzende identifizierbare Knäullage ist nur bei Aussaat von Hand in großen Abständen (mindestens 40 mm) zu erzielen. Somit wird die Bestimmung des direkt bezogenen Feldaufganges in Drillbeständen praktisch unmöglich und es bleibt nur der Weg der reflexiven Bestimmung offen.

5. Labor und Feldversuche

5.1 Anlage der Versuche

Im Zusammenhang mit der Bearbeitung spezieller Probleme der Saattechnik im Rübenbau ergab sich die Notwendigkeit einer klaren Beurteilung der gebräuchlichen Saatgutformen, deren Argumente experimentell zu begründen waren.

Ausgehend von morphologischen Ermittlungen der Samenanlagen (Deckel) im Labor und anschließenden Labor-Keimtests in Zusammenarbeit mit dem Institut für landwirtschaftliches Versuchs- und Untersuchungswesen, Halle, in denen die Ausgangswerte der Saatgutpartien ermittelt wurden, sind die Saatgutformen in den Jahren 1956, 1957 und 1958 im Feldversuch ausgebracht worden. Die Versuchsanlage erfolgte nach jeweils gleichem Schema auf den VE Lehr- und Versuchsgütern Merbitz und Etzdorf. Voraussetzung für die Erhebung zuverlässiger Werte war die Auslage der Saatgutformen von Hand in gleicher Tiefenlage (2 cm) und gleichen Abständen von Knäul zu Knäul (4 cm), denn erst die identifizierbare Knäullage läßt die sichere Erfassung der jeweils aus einem Knäul auskeimenden Pflanzen im Feldbestand zu. Es gelangten von den Varianten fünf Wiederholungen zu je 250 Knäulen zur Auslage, von denen zuvor die Anzahl der Samenanlagen ausgezählt worden waren. Auch die Keimproben dieser Saatgutpartien sind fünffach wiederholt worden.

5.2 Diskussion der Versuchsergebnisse

Tab. 2 enthält Mittelwerte aus den drei Versuchsjahren. Die Reihenfolge der Werte jeder Spalte entspricht sowohl dem Versuchsverlauf, als auch der Disposition vorliegender Abhandlung. Unter Monogerm sind zwei Spalten angeordnet, deren eine nur die Ergebnisse von 1956 und 1957 wiedergibt. Anlaß dazu gibt die außerordentliche Abweichung der Monogerm-Werte von 1958 vom langjährigen Mittel, die den Durchschnitt der drei Versuchsjahre stark beeinflussen.

Diese Gegenüberstellung berührt ein schwieriges Problem, nämlich das der Verbesserung des Singularitätsgrades durch die Segmentierung auf Kosten einmal der Ausbeute an Monogerm und zum anderen der Keimeigenschaft desselben. Von der Saattechnik her muß ein hoher Singularitätsgrad, aber auch eine hohe Keimleistung gefordert werden. Inwieweit beides sich vereinbaren läßt, nur unter Verzicht auf hohe

Tabelle 2
Anteile singulärer und multipler Knäule, Singularitätsgrade und Keimwerte verschiedener Saatgutformen (Durchschnitt von 1956/57/58)

	Normalsaatgut	Bigerm	Monogerm		Pillen
	%	%	%	(56/57) %	%
1 Deckel	7,1	4,1	34,7	44,5	31,5
2 Deckel	53,2	51,0	51,9	48,6	54,6
3 Deckel	33,1	38,4	12,6	6,7	13,5
4 Deckel	6,2	6,2	0,7	0,2	0,4
5 Deckel	0,4	0,3	0,1	—	—
6 Deckel	0,01	0,03	—	—	—
S_α	2,40	2,47	1,80	1,62	1,83
1 Keim	35,3	29,7	53,9	58,2	69,9
2 Keime	46,2	48,4	41,9	38,6	28,9
3 Keime	15,7	20,5	4,2	3,2	1,2
4 Keime	2,5	1,4	0,03	—	—
5 Keime	0,3	0,1	—	—	—
S_β	1,86	1,95	1,49	1,43	1,31
Keimfähigkeit	78,6	80,3	73,9	74,9	38,5
1 Pflanze	44,2	42,8	63,7	67,4	75,5
2 Pflanzen	41,0	41,2	32,8	29,8	23,1
3 Pflanzen	13,1	14,4	3,4	2,8	1,4
4 Pflanzen	1,7	1,5	0,1	—	—
5 Pflanzen	0,03	0,1	—	—	—
S_γ	1,72	1,75	1,40	1,36	1,26
Feldaufgang nach (1)	64,9	60,8	57,7	57,6	39,2
Feldaufgang nach (2)	48,8	43,1	44,8	42,3	27,5

Ausbeute bei der Segmentierung, oder bis zu welchem Ausmaß die Erhöhung des Singularitätsgrades auch eine Einbuße an Keimleistung rechtfertigt, das ist m. W. weder biologisch, noch ökonomisch geklärt.

Zur rechten Spalte unter „Pillen“ muß noch bemerkt werden, daß die Deckelzählungen an repräsentativen Proben des Ausgangssaatgutes vorgenommen worden sind. Vergleicht man den Wert der Keimfähigkeit mit dem des Feldaufganges der Pillen, so findet sich eine Bestätigung für den bereits von LÜDECKE und STANGE [8] monierten Umstand, daß die Laborkeimprüfung im Sandkeimbett für umhülltes Saatgut unzureichend ist, da ihre Bedingungen keine optimalen Keimergebnisse bringen.

5.21 Anteile singulärer und multipler Knäule

Wichtig erscheint nun ein Vergleich zwischen Normalsaatgut und einer technisch bearbeiteten Saatgutform, dem sog. „Bigerm-Saatgut“. Es ist vorausgeschickt worden, daß die Technologie des Herstellungsprozesses von Bigerm eine Änderung der Knäulstruktur kaum zu erreichen vermag und die Polierung demzufolge nicht als eine direkte Maßnahme zur Verbesserung der Singularität gewertet werden kann.

Leider erweckt die Bezeichnung „Bigerm" in der Praxis den Eindruck, daß durch die technische Aufbereitung das verarbeitete Normalsaatgut von seiner imaginären „Vielkeimigkeit" auf sichere „Zweikeimigkeit" reduziert worden sei. Ein Vergleich der in Tab. 2 aufgeführten und in Abb. 8 graphisch dargestellten Anteile singulärer und multipler Knäule erweist den Irrtum einer solchen Auffassung. Bei der Begriffsbildung „Bigerm", die sich zweifellos auf S_β oder auf die das Maximum bildende Fraktion der zweikeimigen Knäule stützt, ist übersehen worden, daß das natürliche Zuckerrübensaatgut selbst nicht weniger „bigerm" ist. Diese Tatsache läßt sich leicht an den Ergebnissen anderer Autoren (HEINISCH, LÜDECKE und NEEB u. a.) nachprüfen und steht überdies in voller Übereinstimmung mit den in Tab. 1 verzeichneten langjährigen Werten. Nach den erörterten Singularitätsverhältnissen dieser Saatgutform ist ein lichterer Pflanzenbestand im Feld bei Aussaat vergleichbarer Knäulzahlen gegenüber Normalsaatgut nicht zu erzielen, wie ja auch aus einer Gegenüberstellung von S_γ deutlich wird.

Im Sinne wissenschaftlich klarer Begriffsbildung wäre es wünschenswert, die technisch bearbeiteten Saatgutformen nach der Art ihrer Aufbereitung zu benennen und der Bezeichnung den Singularitätsgrad beizufügen (vgl. hierzu auch HEINISCH [5]). Ebenso wird es mit zunehmender Durchdringung der biologischen Zusammenhänge und fortschreitender Verbreitung moderner technischer Hilfsmittel im Rübenbau dem Saatguthersteller nicht erspart bleiben, der Praxis ausgeglichene und streng nach physikalischen und keimphysiologischen Qualitätsbereichen geordnete Saatgutpartien zur Verfügung zu halten. Der Rübenbauer sollte dann in der Lage sein, die unter den gegebenen natürlichen Bedingungen und technischen Möglichkeiten optimale Saatgutform verwenden zu können.

Um die für die untersuchten Saatgutformen charakteristischen Zusammensetzungen nach Knäulfraktionen zu veranschaulichen, sind die graphischen Darstellungen Abb. 6 bis 9 eingefügt worden. Die in Vollinie gezeichneten Polygonzüge geben die α-Anteile wieder, die nur in engen Grenzen variieren und als typisches Merkmal der Saatgutformen gelten können. In Strichpunktlinie gezeichnet, stehen die Polygonzüge der β-Anteile in Abhängigkeit zur Keimfähigkeit, wie auch die der γ-Anteile, in Strichlinie gezogen, sich in Abhängigkeit vom Feldaufgang befinden.

Diese Beziehung, die grundsätzlich zwischen Singularitätsgrad und Keimung besteht, ist zu Beginn der Diskussion der Versuchsergebnisse bereits einmal berührt worden und wird im letzten Abschnitt vorliegender Arbeit Gegenstand eingehender Eröterungen sein.

Die Diagramme lassen übereinstimmend den Rückgang der Anteile multipler Knäule zugunsten der singulären erkennen. Dabei verbessern sich die Singularitätsgrade von S_α zu S_γ (lt. Tab. 2) in der Reihenfolge Bigerm — Normalsaatgut — Pillen — Monogerm um 0,72 (= 2,47 — 1,75) ;0,68 (= 2,40 — 1,72); 0,57 (=1,83 — 1,26); 0,40 (= 1,80 — 1,40) bzw. 0,26 (= 1,62 — 1,36). Je ungünstiger also S_α einer Saatgutform ist, desto entschiedener vollzieht sich unter bestimmten Aufgangsbedingungen die Verbesserung des S_γ. L. D. LEACH und R. BAINER [7] beobachteten in ihren Experimenten die gleichen Beziehungen und versuchten auch mit Hilfe der Wahrscheinlichkeitsrechnung eine Quantifizierung. Wenngleich die hier interpretierten Untersuchungen an den im hiesigen Bereich verwendeten Saatgutformen zur Sicherung der im Folgenden entwickelten Funktionen nicht ausreichen mögen, so soll doch die Auswertung nicht unversucht bleiben. Es ist wünschenswert und durchaus im Sinne des Verfassers, wenn die Bearbeitung einschlägiger Versuchsunterlagen durch andere Autoren zu einer Bestätigung oder auch Kritik der entwickelten Auffassungen beitragen könnte.

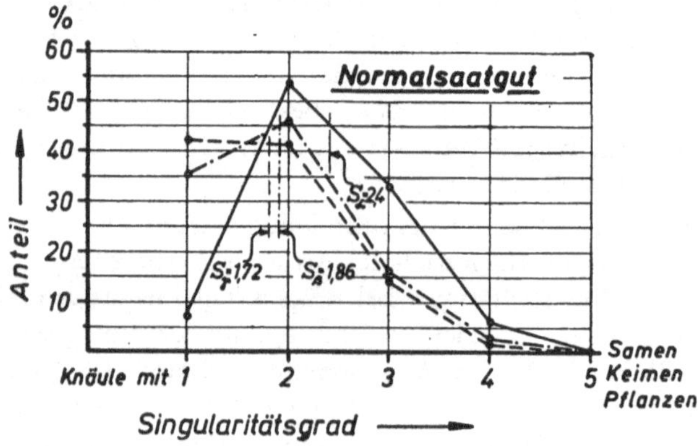

Abb. 6

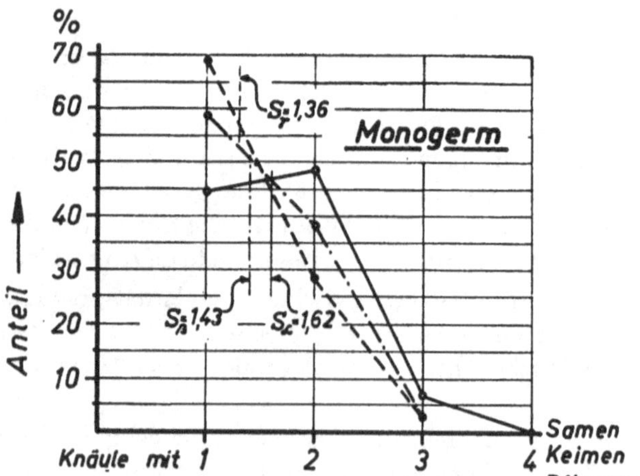

Abb. 7

Abb. 6 und Abb. 7. Häufigkeitsverteilung singulärer und multipler Knäule bei Normalsaatgut bzw. Monogerm nach den Ergebnissen von Deckelzählungen, Keimprüfungen und Feldversuchen, sowie die mittleren Singularitätsgrade des Versuchsmaterials

Samen ———— Keime —·—·— Pflanzen — — — —

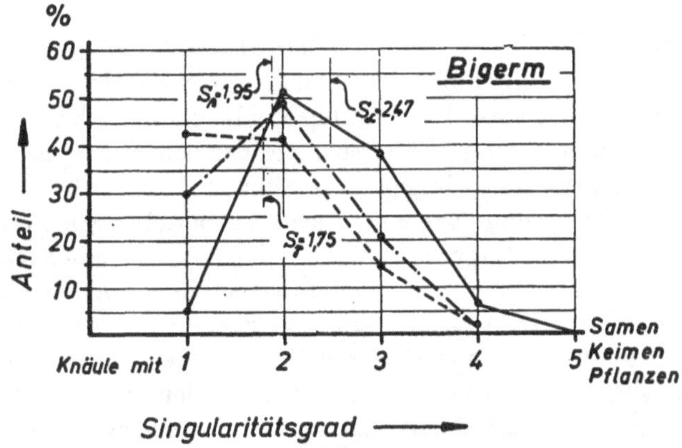

Abb. 8

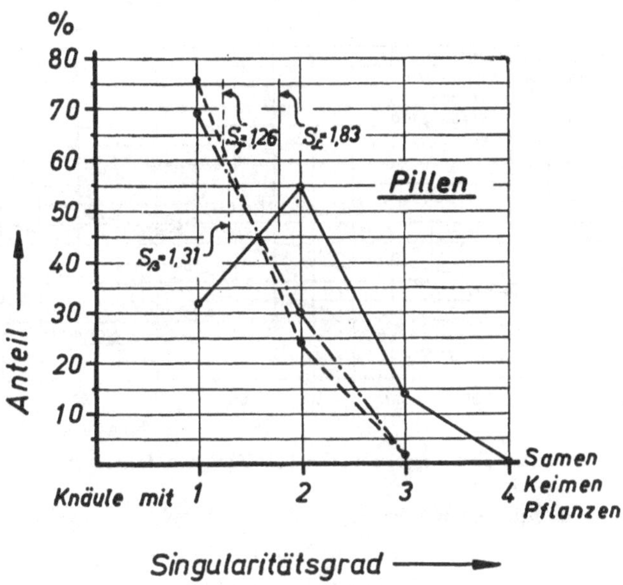

Abb. 9

Abb. 8 und Abb. 9. Häufigkeitsverteilung singulärer und multipler Knäule bei Bigerm bzw. Pillen nach den Ergebnissen von Deckelzählungen, Keimprüfungen und Feldversuchen, sowie die mittleren Singularitätsgrade des Versuchsmaterials
Samen ———— Keime —·—·— Pflanzen – – – –

5.22 Der Singularitätsgrad als Funktion der Keimung[1]

Eine Veränderung von S_β bzw. S_γ gegenüber S_α ist nur möglich, indem der Samenaufgang hinter dem Knäulaufgang zurückbleibt. Als Gründe dafür können vor allem taube oder traumatisch, infektiös bzw. sonstwie geschädigte Samenanlagen genannt werden, die morphologisch nicht als solche zu erkennen sind oder deren

[1] Der Begriff „Keimung" soll verstanden werden als Knäulaufgang schlechthin, also ohne Rücksicht auf das Substrat, in welchem sie sich vollzieht.

Schädigung erst im Keimbett eingetreten ist[1]. Es soll hier jedoch nicht so sehr interessieren, wo diese Gründe zu suchen sind, sondern vielmehr, in welchem statistischen Zusammenhang diese Erscheinung zur Keimung steht.

Die graphische und analytische Untersuchung der bereits dargestellten Versuchsdaten gibt in dieser Beziehung einigen Aufschluß.

Abb. 10 gibt ein Diagramm wieder, in dem die Beziehungen $y = f(x)$ zwischen Keimung (x) und Singularitätsgrad (y) dargestellt sind, wie sie sich aus den in Tab. 3 aufgeführten Werten der Labor- und Felduntersuchungen der vier Saatgutformen ergeben. Die Kurven selbst sind aus den Mittelwerten der Singularitätsgrade und zugehörigen Keimung sowie aus Extrapolationspunkten konstruiert worden und entsprechen der allg. Form $x = ay^2 + by + c$. Sie stellen die unteren Äste von nach links geöffneten Parabeln dar, deren Scheitelkoordinaten jeweils durch den Singularitätsgrad S_α und 100% Keimung der Saatgutformen gegeben sind.

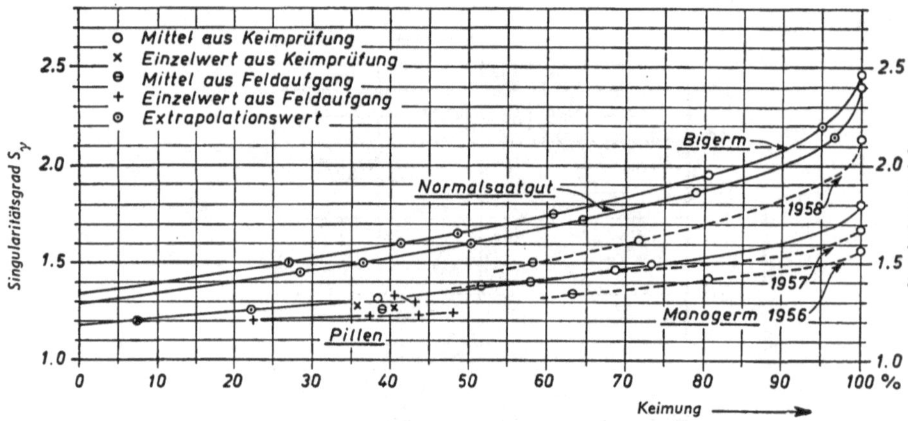

Abb. 10. Der Singularitätsgrad als Funktion der Keimung

Die Funktionsgleichungen lauten für

a) Bigerm $x = -392{,}34 + 403{,}49y - 82{,}67y^2$

b) Normalsaatgut $x = -387{,}47 + 414{,}79y - 88{,}2y^2$,

c) Monogerm $x = -702{,}71 + 883{,}35y - 243y^2$.

Bei den Pillen fügen sich die 3jährigen Mittelwerte nicht in das allgemeine Bild ein, da Labor- und Felduntersuchungen in etwa gleichen Keimbereichen liegen; wohl aber lassen die Feldversuchswerte 1956 und 1957 die erwartete Tendenz erkennen.

Wie schon gelegentlich der Erörterung von Tab. 2 ausgeführt, waren die Monogerm-Partien der einzelnen Versuchsjahre sehr unterschiedlich geartet. Zur Veranschaulichung dieser Tatsache sind neben der Mittelwertskurve von Monogerm die

[1] Auch völlig vitale Keime werden häufig im Feldbestand an der Entwicklung gehindert. Dieser Fall tritt z. B. ein, wenn ein anderer Keim im selben Knäul die ersten Phasen der Keimung mit großem Vorsprung durchläuft und dann beim Strecken des Hypokotyls und der Keimblätter das noch aufsitzende Knäul aus dem Boden hebt. Hierbei wird natürlich der Singularitätsgrad erhöht, denn es betrifft nur mehrkeimige Knäule. Eine andere Beobachtung beweist die gleiche Tendenz: In 3samigen Knäulen fand sich oft eine Kümmeranlage, nämlich die von den beiden Seiten bedrängte mittlere, vor der Stengelnische liegende Samenanlage.

Kurven der drei Versuchsjahre im Bereich der experimentell ermittelten Werte in Strichlinie eingezeichnet worden.

Nach den obigen Funktionsgleichungen wäre zu erwarten, daß eine Reihe nach verschiedenem Singularitätsgrad S_a (bespielsweise von $S_a = 1; 1{,}2; 1{,}4; 1{,}6 \cdots 3{,}0$) gestufter, ausgeglichener Saatgutpartien einer Saatgutform zu Werten für eine Parabel-

Tabelle 3

Einzelwerte zur graphischen Darstellung „Der Singularitätsgrad als Funktion der Keimung $y = f(x)$"
x = Keimung in %
y = Singularitätsgrad

Koordinaten	Normalsaatgut		Bigerm		Monogerm		Pillen	
	x	y	x	y	x	y	x	y
3jähr. Mittel								
	100	2,40	100	2,47	100	1,80	100	1,83
	78,6	1,86	80,3	1,95	73,9	1,49	38,5	1,31
	64,9	1,72	60,8	1,75	57,7	1,40	39,2	1,26
Extrapolationswerte								
	50,4	1,60	48,6	1,65	35,0	1,30		
	36,3	1,50	41,6	1,60	22,4	1,25		
	28,8	1,45	26,9	1,50	7,4	1,20		
Interpolationswert								
	96,85	2,15	95,2	2,20	93,9	1,65		
Deckelzählung								
1956		2,22		2,50		1,57		1,57
1957		2,49		2,51		1,68		1,86
1958		2,48		2,41		2,14		2,05
Keimprüfung								
1956	83,8	1,85	84,0	1,98	80,8	1,42	40,4	1,28
1957	77,8	1,89	79,8	1,89	69,0	1,45	35,8	1,29
1958	74,1	1,83	77,1	1,98	71,8	1,61	39,4	1,36
Feldversuche								
1956 Etzdorf	72,0	1,69	68,2	1,81	65,1	1,35	47,8	1,25
1956 Merbitz	62,3	1,54	64,6	1,86	61,5	1,32	43,5	1,24
1956 ∅	67,2	1,61	66,4	1,84	63,3	1,34	45,7	1,25
1957 Etzdorf	52,4	1,71	60,8	1,71	52,6	1,37	22,6	1,20
1957 Merbitz	62,7	1,73	56,0	1,77	51,0	1,40	37,8	1,23
1957 ∅	57,6	1,72	58,4	1,73	51,8	1,38	30,2	1,22
1958 Etzdorf	67,7	1,78	57,6	1,67	57,5	1,48	40,8	1,34
1958 Merbitz	72,1	1,90	57,6	1,71	58,4	1,49	42,8	1,30
1958 ∅	69,9	1,84	57,6	1,69	58,0	1,49	41,8	1,32

schar führte, deren Scheitelkoordinaten mit $x = 100\%$ Keimung und $y = S_\alpha$ gegeben sind und deren Halbparameter p eine Funktion der Scheitelordinate ist. In der letzten Kurve dieser Schar, die den Scheitelpunkt $x = 100$; $y = 1$ hat, wird $p = 0$, die Kurve ist eine Gerade von $y = 1$. Aus logischen Gründen darf keine der Parabeln die Ordinate $y = +1$ im Bereich $+x$ schneiden, denn selbst eine Keimung nahe 0% wird ein $S \geqq 1$ ergeben.

Zusammen mit dem Koordinatensystem bildet die Kurvenschar dann ein Nomogramm, das zur Klärung der im Folgenden behandelten wichtigen Frage im Zusammenhang mit der Technologie der Einzelkornsaat dienen kann:

Die aus arbeitsökonomischen Gründen bei der Standraumzumessung allgemein erforderlichen Mindest-Pflanzenabstände in der Reihe werden von verschiedenen Autoren zu 4 cm bestimmt. Unter ungünstigen Aufgangsverhältnissen reicht dieser Abstand jedoch nicht aus, um die zur Sicherung eines vollen Ertrages notwendige Keimzahl/ha zu erzielen.

So wird dann eine entsprechende Erhöhung der Aussaatmenge vorgeschlagen (vgl. hierzu H. RID [12] und O. NEEB [11]), die freilich eine Minderung der Korn- bzw. Pflanzenabstände und damit das Unterschreiten des arbeitswirtschaftlich günstigen Wertes bedeutet[1]. Es liegt aber nach den hier angestellten Überlegungen nahe, den notwendigen Ausgleich der Keimzahl/ha unter Einhaltung der arbeitsökonomischen Forderungen besser auf dem Wege über die Wahl einer Saatgutpartie oder Saatgutform mit entsprechendem Singularitätsgrad vorzunehmen.

Es ist eine vorläufige Annahme, daß die Minderung der Kornabstände auf die Hälfte arbeitswirtschaftlich ungünstigere Auswirkungen bringt, als eine entsprechende (nicht lineare!) Minderung der Singularität des Saatgutes. Die Unterschiede zwischen diesen beiden Möglichkeiten sind vielleicht auch für die gegenwärtige Situation noch zu diffizil und es erscheint fraglich, ob sie für den Fall der Aussaat mit Universal-Drillmaschine überhaupt zu ermitteln sind. Von ausschlaggebender Bedeutung aber dürfte diese Beziehung für den Einsatz von Spezial-Drillmaschinen (Einzelkorn-Sämaschinen) sein, deren ökonomischer Wirkungsgrad mit der Schaffung arbeitswirtschaftlich günstiger Pflanzenfolgen steht und fällt.

6. Ausblick

Es steht zu erwarten, daß die statistische Auswertung von Pflanzenfolgen, die im Zusammenhang mit den vorstehend beschriebenen Versuchen erhoben worden sind, einige Hinweise über die Beziehungen zwischen Feldaufgang und Pflanzenverteilung gibt. Erst nach Klärung dieser Zusammenhänge kann eine endgültige Aussage getroffen werden, in welchem Umfang bei Einzelkornsaat unter bestimmten Aufgangsbedingungen zur Sicherung des Keimbestandes von den arbeitswirtschaftlich angestrebten Knäulabständen abgewichen werden muß. Einstweilen besteht seitens des Verfassers die Annahme, daß die Sicherung des Keimbestandes unter Beibehaltung der als arbeitswirtschaftlich optimal geltenden Knäulabstände durch Auswahl einer Saatgutform mit geeignetem Singularitätsgrad zu gewährleisten ist. Auch unter ungünstigen Aufgangsbedingungen wird aus dieser Sicht der Einsatz der Einzelkornsämaschine in Erwägung gezogen werden können; nur ist die Auffassung, Einzelkornsaat lohne nur bei Verwendung von Monogerm und käme daher nur für beste Aufgangsverhältnisse in Betracht, zu überprüfen. Die alternative

[1] NEEB [11] hält 560000 keimfähige Knäule pro ha bei einkeimigem Saatgut und Aussaat mit Universal-Drillmaschine für notwendig. Das entspricht bei $S\gamma = 1{,}3$ einer Zahl von etwa 730000 Keimen/ha bzw. einem ⌀-Kornabstand von ca. 2,2 cm. Einzelkornsaat bei 41,7 cm Reihenabstand, 4 cm Abstand von Knäul zu Knäul, 50% Feldaufgang und $S\gamma = 1{,}3$ bringt 390000 Keime/ha.

Auffassung, Einzelkornsaat lohnt nur bei Einhaltung arbeitswirtschaftlich optimaler Kornabstände und ist daher nur unter Verwendung von Saatgutpartien mit geeignetem Singularitätsgrad anzuwenden, ist in vorliegender Studie unterbreitet worden.

Резюме

На примере трехлетних исследований различных форм посевного материала сахарной свеклы излагаются их свойства прорастания. При этом формы посевного материала характеризуются по особо определенной „степени односемянности" („Singularitätsgrad"). На результатах опытов показывается удельный вес односемянных и многосемянных плодов, и степень односемянности определяется как функция прорастания. Значение этого соотношения для посева отдельными семенами выражается в возможности, при помощи выбора формы посевного материала с пригодной степенью односемянности, получить при различных условиях всходов требуемую густоту их, вместо использования большего количества посевного метариала.

Благодаря этому оптимальный трудохозяйственный эффект посева односемянными плодами — создание минимальных расстояний между растениями необходимых для прорыва, можно достигнуть также и в условиях менее хорошей полевой всхожести.

Summary

The germination power of various sugar beet seeds is demonstrated by the example of 3-year investigations. The seeds are characterized according to the especially defined "degree of singularity". Besides the experimental results reveal the percentage of singular and multiple clusters, and the degree of singularity is decribed as a function of germination.

The importance of this relation for the single seed lies in the possibility to obtain the required seedling density under different emergence conditions by choosing a seed of a suitable degree of singularity instead of a higher sowing rate.

In this way it might be possible to reach the optimum labour-economical effect of the single seed and to provide the minimum plant spacing required for thinning, even under conditions of a worse field emergence.

Literaturverzeichnis

[1] EGGEBRECHT, H.: Die Untersuchung von Saatgut. Methodenbuch, Bd. V. Radebeul und Berlin 1949.

[2] FRITZSCH, K.: Untersuchungen zur Saattechnik, besonders im Rübenbau. Diss. Halle 1956.

[3] FRITZSCH, K.: Aussaat und Pflege von Zuckerrüben. Deutsche Agrartechnik **6**, 1956, H. 11, 486—489.

[4] HEINISCH, O.: Ein Beitrag zur Qualitätsbeurteilung von Rübenmonogermsaatgut. Zeitschrift für die Zuckerindustrie **5**, 1955, H. 5, 225—230.

[5] HEINISCH, O.: Die Untersuchung und Bewertung des Zuckerrüben-Saatgutes. Zeitschrift für die Zuckerindustrie **6**, 1956, H. 2, 73—81.

[6] HELLER, C.: Untersuchungen über die Saatbettgestaltung bei Zuckerrüben. Zucker 1955, **8**, H. 14, 305—312.

[7] LEACH, L. D. und R. BAINER: The Effekt of Reduced Emergence upon the Proportion of Singles and Doubles in Field Stands of Sugar Beets. Aus: The American Society of Sugar Beet Technologists. Proceedings of Seventh General Meeting, 1952. Fort Collins, Colorado, USA, 1952.

[8] LÜDECKE, H. und L. STANGE: Erfahrungen mit umhülltem (pilliertem) Zuckerrübensaatgut. Zucker 1952, **5**, H. 7, 443—446.
[9] LÜDECKE, H. und O. NEEB: Untersuchungen über die Keimeigenschaften von künstlich monogermem Zuckerrübensamen. Zucker 1953, **6**, H. 17, 406—410.
[10] MÄTZOLD, G.: Versuchsergebnisse bei der Anwendung bigermen Rübensamens. Zucker 1955, **8**, H. 16, 352—357.
[11] NEEB, O.: Möglichkeiten einer genaueren Bemessung der Aussaatstärke von Zuckerrübensaatgut. Zucker 1955, **8**, H. 18, 407—410.
[12] RID, H.: Möglichkeiten der Arbeitsersparnis und Arbeitserleichterung in der Rübenpflege. Bayerisches Landwirtschaftliches Jahrbuch 1958, 3.
[13] RIEDEL, K.: Die Standraumzumessung als Technisierungsproblem der Rübenpflege. Kühn-Archiv 70.
[14] RIEDEL, K.: Probleme der Technisierung im Kartoffel- und Zuckerrübenbau. Berichte und Vorträge III/1957 der Deutschen Akademie der Landwirtschaftswissenschaften zu Berlin.
[15] ROEMER, Th.: Handbuch des Zuckerrübenbaues. Berlin 1927.
[16] SCHAEFER-KEHNERT, W., H. SCHAFMAYER, H. v. KLITZING: Möglichkeiten der Arbeitsersparnis in der Rübenpflege bei Anwendung verschiedener Saatgutarten, Aussaatmethoden und Pflegeverfahren. Zucker 1954, H. 9.
[17] THEIMER, W.: Glasiertes Saatgut. DLP 1950, H. 10, 6.
[18] WALDECKER, J.: Eine Grundlage für das Einzel-Säverfahren? Die Technik in der Landwirtschaft 1923, **4**, H. 10/11, 157—159.

Aus dem Institut für Landmaschinenlehre der Karl-Marx-Universität Leipzig. Komm. Direktor: Prof. Dr. habil. HENSEL

MARTIN DÖLLING

Untersuchungen über das Absetzen von Schweinekot in wäßriger Aufschlämmung

(Ein Beitrag zur Klärung der theoretischen Grundlagen für die Rückgewinnung der Schwemmflüssigkeit in Schwemmentmistungsanlagen ohne Einstreu betriebener Schweinemästereien)

1. Einleitung

1.1 Problematik und Aufgabenstellung

Mit der Errichtung zahlreicher großer Schweinemästereien in den letzten Jahren tauchte das Problem der Beseitigung des anfallenden Schweinekots auf. Da diese Mastanlagen in den wenigsten Fällen landwirtschaftlichen Betrieben angeschlossen werden konnten, fehlte auch meist die Einstreu, mit deren Hilfe man die anfallenden Auswurfstoffe in eine für den Transport geeignete Konsistenz hätte bringen können. Nach KRAMER [1] kann man im Durchschnitt der in Mast befindlichen Gewichtsklassen mit einem täglichen Anfall von 2 bis 3 kg Kot je Schwein rechnen. Das bedeutet bei einer Schweinemästerei mit 5000 Schweinen einen täglichen Anfall von 10 bis 15 t Kot. Die Beseitigung derartiger Kotmengen bereitet allergrößte Schwierigkeiten.

Aus diesem Grunde wurde in einer Anleitung des Amtes für Wasserwirtschaft vom 10. August 1953 und in einem Rundschreiben des Ministeriums für Land- und Forstwirtschaft vom 3. November 1953 festgelegt, daß die ohne Einstreu arbeitenden Schweinemästereien an die städtischen Kanalisationsnetze anzuschließen seien, in welche der in den Ställen anfallende Kot über Spülrinnen hineingeschwemmt werden soll. Das bedeutet, daß die Schweinemästereien in unmittelbarer Stadtnähe noch im Einzugsbereich der Kanalisation gebaut werden mußten. Damit schied die Landwirtschaft als Abnehmer für die anfallenden Fäkalien endgültig aus.

Nach den o. a. Richtlinien wird eine Wassermenge von 20 l/Schwein zum Abschwemmen des Kotes aus den Ställen benötigt. Das sind bei 5000 Schweinen 100 m³ Wasser pro Tag, die während der Entmistungszeiten zur Verfügung stehen müssen und verbraucht werden. Damit wurde auch die Frage der Wasserversorgung vielerorts zu einem schwierigen Problem.

Nach MÜLLER [2] entspricht klärtechnisch gesehen 1 Schwein im Schlammanfall 4 Einwohnern, so daß eine Mastanlage für 5000 Schweine bei Abschwemmung der Fäkalien in die öffentliche Kanalisation eine Klärkapazität erfordert, wie sie für eine Stadt mit 20 000 Einwohnern notwendig wäre. Dies würde aber in den meisten Fällen eine unzulässige Überlastung der bereits vorhandenen städtischen Kläranlagen bedeuten.

Aus diesen Gründen gewinnt das Prinzip der Schwemmentmistung auch für die Schweinemastanlagen an Bedeutung, da durch sie

1. die städtische Abwasserbeseitigung entlastet wird,

2. das Problem der Wasserversorgung vereinfacht wird, weil die Schwemmentmistung weitgehend mit den im Stall normalerweise anfallenden Flüssigkeitsmengen auskommt,

3. der anfallende Kot in eine für den Transportumschlag geeignete und für die Landwirtschaft verwertbare Konsistenz gebracht wird und

4. darüber hinaus eine Steigerung der Arbeitsproduktivität bei der Entmistung der Ställe erzielt wird.

Reiner Schweinekot in wäßriger Aufschwemmung verhält sich anders als strohhaltiger Mist. Während Strohmist an die Oberfläche der Aufschwemmung steigt, setzt sich Schweinekot auf dem Boden des Behälters ab, wovon man sich schon durch einfache Beobachtung überzeugen kann. Bereits MÜLLER [2] weist auf das relativ schnelle Absetzen der Schweinekotpartikel hin, das sogar noch schneller erfolge als bei Schlammstoffen in normalem Abwasser. Es erhebt sich daher die Frage, auf welche Art die Rückgewinnung der für den Schwemmkreislauf notwendigen Flüssigkeit erfolgt. Ein Absaugen der Schwemmflüssigkeit am Boden der Sammelgrube, wie bei der Schwemmentmistung in eingestreuten Ställen, scheidet natürlich aus, da auf diese Weise der auf dem Boden der Sammelgrube sich absetzende Kotschlamm erneut in die Schwemmleitung gedrückt werden würde.

Demzufolge muß zur Rückgewinnung der Schwemmflüssigkeit das in die Grube einströmende Flüssigkeits-Kotgemisch einem Trennungsprozeß unterworfen werden, so daß von der Pumpe nur solche Flüssigkeit angesaugt und in die Schwemmleitung gefördert wird, die von dem Kot in möglichst großem Maße befreit ist. Dieser Klärprozeß vollzieht sich zweckmäßigerweise auf mechanische Art unter Ausnutzung der Tatsache, daß die Kotpartikel ein höheres spezifisches Gewicht haben als Wasser.

Ein Tastversuch gab Aufschluß über das Verhalten von aufgeschlämmten Schweinekot in einem Klärbecken.

Die Versuchsanordnung bestand aus einem Becken (Abb. 1), das einer für einen Mastbetrieb für 1200 Schweine projektierten Anlage im Maßstab 1:5 nachgebildet war. Der Flüssigkeitskreislauf vom Beckenauslauf bis zum Beckeneinlauf wurde durch eine Zahnradpumpe erzeugt. Die Förderleistung der Pumpe betrug beim Versuch 0,24 l/s und die theoretische Strömungsgeschwindigkeit im Becken 0,075 cm/s. Die Druckleitung der Pumpe mündete in einen Mischbehälter über der Einlaufseite des Beckens. Der Abfluß des Mischbehälters befand sich am Beckenanfang über einer Rinne, die den Zufluß auf die ganze Beckenbreite verteilte. Das Becken war zu Versuchsbeginn 40 cm hoch bis zur Kante der Überfallwand mit Wasser gefüllt. Nach dem Versuch betrug der Wasserstand 48 cm.

Nach Einschalten der Pumpe zwecks Herstellung des Flüssigkeitskreislaufes wurde dem Mischbehälter an 5 aufeinanderfolgenden Tagen täglich im Verlaufe einer Stunde unter ständigem Umrühren des Behälterinhaltes 30 kg frischer Schweinekot aus einer Schweinemästerei zugeführt. Lediglich am ersten Tag betrug die Menge 90 kg.

3 Stunden nach der Kotzuführung wurde mit Hilfe eines an einer Schnur waagerecht aufgehängten und mit Löchern versehenen Peilbleches von 10 cm mal 10 cm

Größe der Schlammpegel gemessen. Die Ergebnisse sind in Abb. 2 graphisch aufgetragen.

Aus dem Schlammberg an der Einlaufseite des Beckens kann man auf ein sehr schnelles Absinken der Kotteilchen im Wasser schließen, zumal durch ein Fenster in der Beckenwand beobachtet werden konnte, wie ein sehr großer Teil der auf den

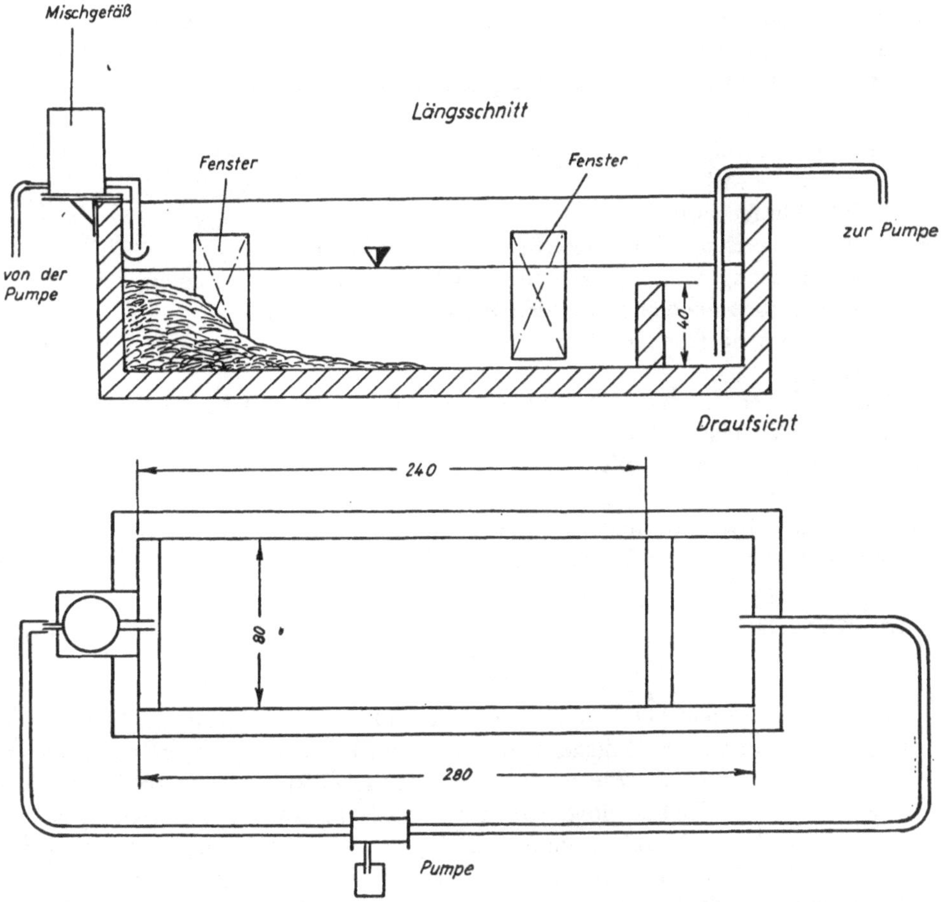

Abb. 1. Anordnung des Schlammpegelversuches

steilen Schlammberg auftreffenden Kotteilchen nicht liegen blieb, sondern vom Hang abrutschte und so die Steigung des Hanges noch verringerten. Exakte Werte für die Dimensionierung des Klärbeckens ließen sich aus diesem Grunde aus dem Schlammpegel-Kurvenverlauf nicht ableiten, wenn auch gewisse Rückschlüsse auf die Beckengestaltung möglich sind. So wird es zum Beispiel notwendig sein, in dem einlaufseitigen Beckenboden einen Schlammtrichter vorzusehen, der die schnell sinkenden Schlammteilchen aufnimmt und gleichzeitig das Abpumpen des Schlammes erleichtert.

Aufgabe der nachfolgenden Untersuchungen soll es sein, die Beziehungen und deren zahlenmäßigen Ausdruck zu finden, die für die Abmessungen des Klärraumes maßgebend sind.

1.2 Theoretische Betrachtung zur Aufgabe

Die in das Klärbecken gelangenden Schlammpartikel unterscheiden sich in Form und Größe und Gewicht. Daraus ergibt sich eine verschiedene Sinkgeschwindigkeit der Teilchen. Die schweren Teilchen sinken schneller, während die anderen Teilchen je nach Gewicht und Größe eine geringere Sinkgeschwindigkeit haben.

Im folgenden sei:

l Beckenlänge [m]
b Beckenbreite [m]
h Beckenfüllhöhe [m]
v_h Horizontalgeschwindigkeit des Beckeninhaltes [m/s]
v_m minimale Sinkgeschwindigkeit der Teilchen, die zur Erreichung des Kläreffektes E eben noch abgeschieden werden müssen [m/s]
t_h Zeit für das horizontale Durchströmen des Beckens mit der Geschwindigkeit v_h [s]
t_m Absetzzeit der Teilchen mit der Geschwindigkeit v_m aus der Höhe h[s]
O Beckenoberfläche [m²] $= l \cdot b$
Q Durchflußmenge im Becken [m³/s]
G Sink- und Schwebestoffmenge im Zufluß [g/l]
H Sink- und Schwebestoffmenge im Abfluß [g/l]
D Menge der abgesetzten Teilchen [g/l] $= G - H$
E Kläreffekt [%]

Der Kläreffekt E ist

$$E = \frac{G - H}{G}\, 100 \quad [\%]\,.$$

Zu jedem Kläreffekt gehört eine minimale Sinkgeschwindigkeit v_m. Das ist die Sinkgeschwindigkeit des Teilchens, das sich zur Erreichung des entsprechenden Kläreffektes noch auf dem Boden des Beckens abscheiden muß, bevor die Wasserteilchen, die es am Einlauf umgaben, das Becken am Auslauf verlassen. (Daraus ergibt sich, daß der Begriff „minimale Sinkgeschwindigkeit" nur Sinn hat, wenn dieselbe im Zusammenhang mit einem bestimmten Kläreffekt genannt wird.)

Das genannte Teilchen unterliegt außer der Sinkgeschwindigkeit v_m noch einer zweiten Geschwindigkeitskomponente. Dies ist die zum Beckenauslauf gerichtete Horizontalgeschwindigkeit v_h.

Es ist

$$v_m = \frac{h}{t_m} \quad \text{und} \quad v_h = \frac{l}{t_h}\,.$$

Zur Erzielung des erwünschten Kläreffektes E muß t_h sein

$$t_h = t_m$$

oder

$$\frac{l}{v_h} = \frac{h}{v_m}\,.$$

Dann ist $$l = \frac{h \cdot v_h}{v_m}.$$

v_h ergibt sich aus der Durchflußmengengleichung

$$v_h = \frac{Q}{b \cdot h}.$$

Dann ist

$$l = \frac{Q \cdot h}{v_m \cdot b \cdot h} = \frac{Q}{v_m \cdot b}$$

und $$l \cdot h = O = \frac{Q}{v_m}.$$

Da v_m als minimale Sinkgeschwindigkeit einem bestimmten Kläreffekt zugeordnet ist, ist dieser also bei gegebener Durchflußmenge abhängig von der Beckenoberfläche.

Wenn man die zur Erzielung eines bestimmten Kläreffektes zu berücksichtigende kleinste Sinkgeschwindigkeit ermittelt hat, kann man aus obiger Beziehung die Funktionsmaße des Klärbeckens errechnen.

Aus diesem Ergebnis (in der Klärtechnik als „Oberflächensatz" bekannt [3]), das durch Versuche von SCHULZ [4] bestätigt wird, geht weiterhin hervor, daß die Beckentiefe auf den Kläreffekt keinen Einfluß hat. Wenn Flachklärbecken trotzdem eine durchschnittliche Tiefe von 2 m haben, so deshalb, weil betont wird, daß für flockigen Schlamm auch die Beckentiefe Bedeutung habe, da mit zunehmender Beckentiefe die feinen Schlammteilchen ausflocken und dabei ihre Fallgeschwindigkeit vergrößern [5; 8]. Durch diese Vergrößerung der Fallgeschwindigkeit soll der Kläreffekt verbessert werden.

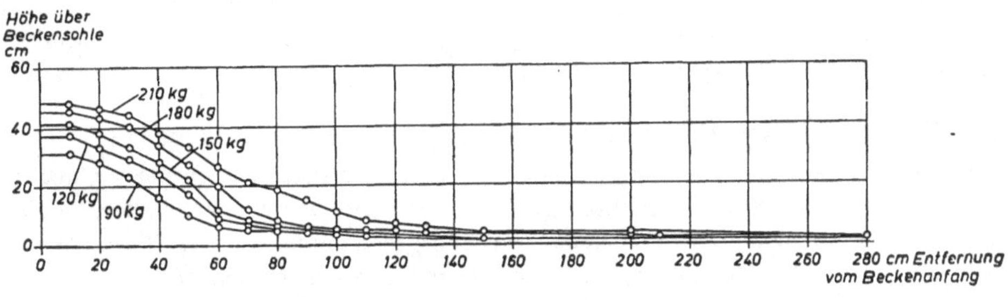

Abb. 2. Schlammpegel im Versuchsbecken

Dieser Umstand hat jedoch für die Schwemmentmistung keine Bedeutung, da der Abfluß des Klärbeckens nicht einem Vorfluter zugeführt wird, sondern erneut als Transportmittel für den Mist in der Schwemmleitung verwendet werden soll. Für diesen Zweck ist ein Absetzen der ausflockungsfähigen Schwebestoffe nicht erforderlich.

Zudem haben die Stoffe in der Ruhezeit zwischen dem täglichen Entmisten (etwa 23 Stunden) auch noch hinreichend Gelegenheit zum Absetzen.

KUNZE [3] weist darauf hin, daß Wirbelströmungen im Klärbecken, die das mechanische Absetzen der Sinkstoffe stören, sich um so eher ausbilden können, je weniger die Höhen-, Breiten- und Längenmaße des Beckens voneinander abweichen. Aus diesem Grunde soll man, um das Absetzen der Sinkstoffe nicht zu beeinträchtigen, das Becken so flach wie möglich gestalten (unter Wahrung der horizontalen Grenzgeschwindigkeit im Becken von 50 mm/s [11]) und das eventuell notwendige Absetzen der flockungsfähigen Stoffe in spezielle Ausflockungsbecken verlegen, die dem Absetzbecken nachgeschaltet sind. Da, wie erwähnt, letzteres für die Schwemmentmistung nicht notwendig erscheint, ergibt sich darüber hinaus durch die flache Ausführung des Beckens eine Einsparung an Bauvolumen und Baukosten.

Im Ergebnis dieser Ausführungen kann festgestellt werden, daß für Schwemmentmistungsklärbecken die Größe der Oberfläche das entscheidende Funktionsmaß ist. Die Ermittlung der notwendigen Oberfläche erfolgt mit Hilfe des Oberflächensatzes:

$$O = \frac{Q}{v_m}.$$

Es bleibt die Aufgabe, die minimale Sinkgeschwindigkeit v_m von Schweinekot in wäßriger Aufschlämmung in Abhängigkeit vom Kläreffekt zu bestimmen. Die Untersuchung soll sich auf Kot aus verschiedener Fütterung erstrecken, um auch den Einfluß der Fütterung erkennen zu können.

2. Versuche zur Ermittlung der Absetzgeschwindigkeit

Nach dem Oberflächensatz ist die zur Erzielung eines bestimmten Kläreffektes erforderliche Beckenoberfläche abhängig von der Sinkgeschwindigkeit der Teilchen, die sich zur Erreichung dieses Kläreffektes noch aus der Flüssigkeit abscheiden müssen. Diese Sinkgeschwindigkeit ist die minimale Sinkgeschwindigkeit. Es ist also notwendig, die minimale Sinkgeschwindigkeit, d. h., die Sinkgeschwindigkeit als Funktion des Kläreffektes zu ermitteln.

2.1. Vorversuch zur Ermittlung des Sinkgeschwindigkeitsbereiches

Um die für die Lösung der Aufgabe geeignete Versuchsanordnung zu finden, wurde ein Vorversuch durchgeführt. Ziel des Versuches war es speziell, den Bereich zu erkennen, in dem im wesentlichen die Sinkgeschwindigkeit der Kotschlammteilchen liegt. Die Versuchsanordnung bestand aus einem senkrecht stehenden Trichter aus transparenter Decelithfolie (Abb. 3). Der Trichter war 1,75 m hoch und hatte an der Spitze einen Durchmesser von 2 cm und an seinem oberen Ende einen Durchmesser von 17,5 cm. Die Spitze des Trichters wurde mit einem Wasserleitungshahn verbunden. Der obere Rand hatte einen Abfluß in das Ausgußbecken. In die Schlauchleitung zwischen Trichterspitze und Wasserleitung wurde ein Strömungsmesser zur Ermittlung der Durchflußmenge geschaltet. Bei geöffnetem Wasserhahn durchströmte das Wasser den Trichter senkrecht von unten nach oben. Die Strömungsgeschwindigkeit des Wassers nahm mit zunehmendem Trichterdurchmesser nach oben hin ab.

Ein im Wasser sinkendes Teilchen wird sich an der Stelle des Trichters in der Schwebe halten, an der die Geschwindigkeit des nach oben strömenden Wassers

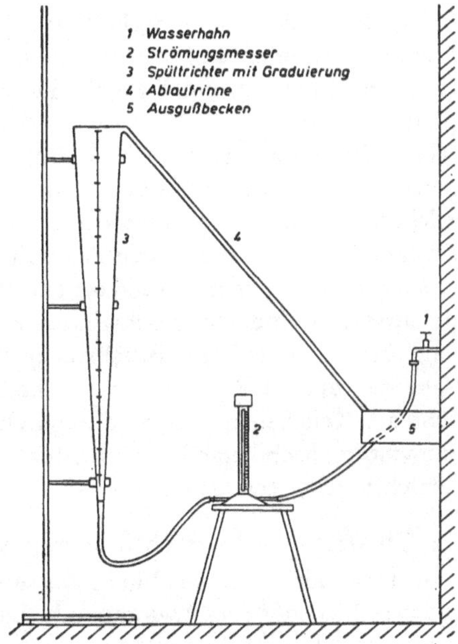

Abb. 3. Versuchsanordnung zur Ermittlung des Sinkgeschwindigkeitsbereiches

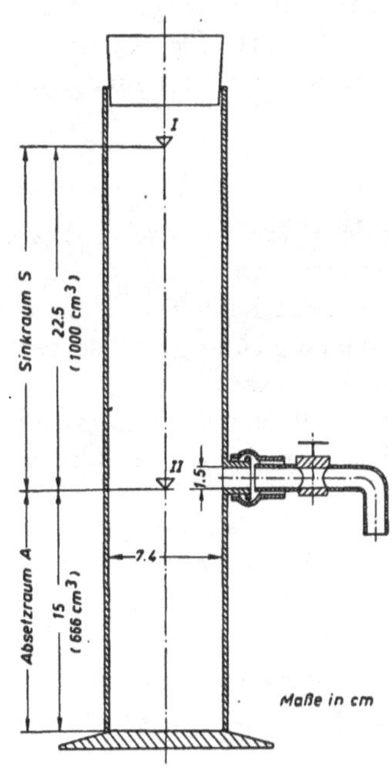

Abb. 4. Absetzglas

gleich der Sinkgeschwindigkeit des Teilchens ist. Dementsprechend wurde der Trichter mit einer Teilung versehen, die die Geschwindigkeit an der jeweiligen Trichterstelle als Quotient aus der Durchflußmenge und dem betreffenden Trichterquerschnitt angab.

Nach Einstellung einer Durchflußmenge von 2 l/s wurden 50 g Kot in den Trichter gegeben. Der Kot wurde vorher durch Schütteln in 1 l Wasser zerteilt. Die Kotteilchen verteilten sich entsprechend ihrer Sinkgeschwindigkeit über die gesamte Trichterlänge. An der Spitze des Trichters betrug die Strömungsgeschwindigkeit 10,6 cm/s und am oberen Rand 0,14 cm/s. Der Lage der untersten Teilchen im Trichter entsprach eine Sinkgeschwindigkeit von 4 bis 5 cm/s. Diese Teilchen waren Sandkörner, unverdaute Bruchstücke und Spelzen von Getreidekörnern. In der Nähe des oberen Randes und im Abfluß befanden sich mit bloßem Auge kaum sichtbare Teilchen mit einer Sinkgeschwindigkeit von kleiner als 0,14 cm/s. Der Betrachtung nach befand sich die Mehrzahl der Teilchen in einem Geschwindigkeitsbereich von 1,5 bis 0,2 cm/s.

2.2 Theoretische Betrachtung zur Versuchsmethode

In einem mit schlammhaltigen Wasser gefüllten Gefäß sinken die Schlammteilchen mit verschiedener Geschwindigkeit. Die Menge D der sich auf dem Boden absetzenden Teilchen ist abhängig von der zum Absetzen zur Verfügung stehenden Zeit t und der Füllhöhe im Gefäß.

Mißt man in den Zeiten $t_1, t_2, t_3 \ldots t_n$ die sich absetzenden Mengen D_1, D_2, $D_3 \ldots D_n$, so erhält man bei graphischer Darstellung eine Kurve, die die Beziehung zwischen Absetzmenge und Absetzzeit angibt. Diese Kurve wird Absetzkurve genannt [4; 11]. Der Quotient aus der Füllhöhe h und der Absetzzeit t ergibt die zum Absetzen der Menge D zu berücksichtigende minimale Sinkgeschwindigkeit v_m.

$$v_m = \frac{h}{t}.$$

Da der Kläreffekt nach S. 114 das Verhältnis der Absetzmenge D zur Gesamtsink- und Schwebestoffmenge G ist, kann man die minimale Sinkgeschwindigkeit v_m als Funktion des Kläreffektes auftragen und man erhält eine Kurve, aus der man die zur Erzielung eines gewünschten Kläreffektes zugrundezulegende Sinkgeschwindigkeit ablesen kann.

Um zu diesem Ergebnis zu kommen ist es also notwendig, die Absetzmenge D in Abhängigkeit von der Absetzzeit t zu ermitteln.

2.3 Versuchsmethodik

Für die Versuche wurden 2 Methoden angewendet:

1. die Absetzglasmethode,
2. die Schlämmzylindermethode.

Die Absetzglasmethode wurde zur Ermittlung der kleinen Sinkgeschwindigkeiten und die Schlämmzylindermethode zur Ermittlung der großen Sinkgeschwindigkeiten benutzt.

In einem bestimmten Bereich überschnitten sich beide Methoden, so daß im Vergleich der Ergebnisse in diesem Bereich eine Kontrolle für die Richtigkeit der Methoden gegeben war.

2.31 Die Absetzglasmethode

2.311 Theorie und Auswertungsmethode

Es wurde ein zylindrisches Glasgefäß mit seitlichem Abfluß verwendet, (Abb. 4) wie es bereits SCHULZ [4] bei seinem Versuch benutzte.

Durch den seitlichen Abfluß wird das Glas in einen Sinkraum S und in einen darunter befindlichen Absetzraum A geteilt. Nach Eingabe einer bestimmten Menge Schweinekotes wurde das Glas bis zur Marke I mit Leitungswasser gefüllt und der Inhalt durch Schütteln gleichmäßig durchgemischt.

Nach Verstreichen einer gewissen Zeit nach dem Hinsetzen des Glases wurde der seitliche Abfluß geöffnet und die im Sinkraum S stehende Flüssigkeit mit den noch darin enthaltenen Schlammteilchen abgelassen und filtriert. Der im Absetzraum A verbleibende Rest mit dem darin befindlichen Schlamm wurde ebenfalls filtriert.

Die Gewichtssumme der Trockenmasse des Sinkraumfiltrates F_1 und des Absetzraumfiltrates F_2 ist das Gewicht des Sink- und Schwebestoffinhaltes K des ganzen Glases.

$$K = F_1 + F_2 .$$

Der Sink- und Schwebestoffinhalt G des Sinkraumes S ist dann vor dem Absetzen

$$G = \frac{V_S}{V_A + V_S} K ,$$

worin

V_S Volumen des Sinkraumes S

V_A Volumen des Absetzraumes A

Nach Definition ist der Kläreffekt E in der Absetzzeit t

$$E = \frac{G - F_1}{G} 100 \, [\%]$$

oder nach Einsetzen des Wertes für G

$$E = \left(1 - \frac{F_1 (V_A + V_S)}{V_S \cdot K}\right) 100 \, [\%] .$$

Mit Hilfe dieser Formel wurden die mit dem Absetzglas gewonnenen Ergebnisse ausgewertet.

2.312 Filtermaterial

Zum Filtrieren schieden die gebräuchlichen Laborfilterpapiere aus, da sie beim Filtrieren vorliegenden Materials sofort verstopften und wasserundurchlässig wurden. Auch mit Hilfe von Unterdruck konnte die gewünschte Wirkung nicht erzielt werden.

Aus diesem Grunde wurden für die Versuche Wattescheibenfilter der Firma A. Schreiber u. Co., Erdmannsdorf (Sa.), verwendet. Je zwei Filterscheiben wurden zwischen zwei kegelstumpfförmig ausgebildete Trichter aus Perlonsiebgewebe Nr. 21:10 mm der Firma VEB Filz- und Filtertuche, Langenfeld (Vogtl.), gelegt, um die empfindlichen Filterscheiben beim Filtrieren nicht zu beschädigen (Abb. 5).

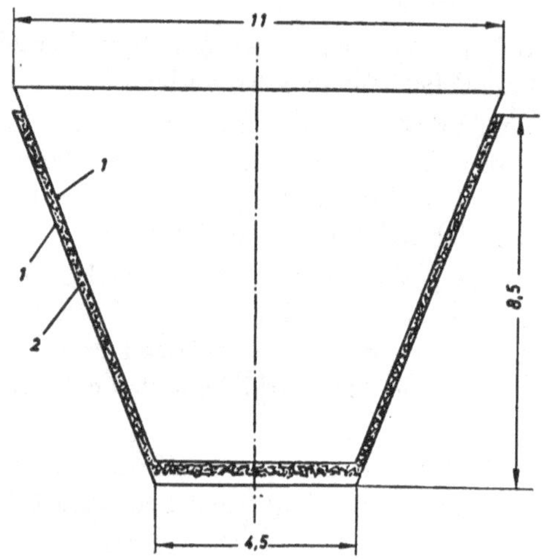

1 Tüten aus Perlongaze (21:10 mm), 2 Wattescheibenfilter
Maße in cm

Abb. 5. Filter

Das mit einem solchen Filter gewonnene Filtrat stellt praktisch die in der Aufschlämmung enthalten gewesene Gesamtmenge an Sink- und Schwebestoffen dar. Die im Filterdurchgang enthaltenen geringen Schwebestoffmengen werden vernachlässigt.

2.313 Versuchsmaterial

Der zu prüfende Schweinekot wurde frisch aus dem Stall entnommen und in einem luftdicht verschlossenen Gefäß bei Temperaturen von —3 bis 0° C aufbewahrt.

Geprüft wurde
1. Schweinekot aus Getreidemast,
2. Schweinekot aus Mast mit silierten Kartoffeln,
3. Schweinekot aus Mast mit Küchenabfällen.

Folgende Futterzusammensetzung wurde verwendet:

Getreidemast:
- 50% Gerstenschrot
- 14% Roggenschrot
- 15% Weizenkleie
- 20% Eiweißkonzentrat für Schweine
- 1% Mineralstoffe

Kartoffelmast: Kartoffeln satt
Beifutter bestehend aus
56% Roggenschrot
19% Gerstenschrot
5% Weizenkleie
20% Eiweißkonzentrat für Schweine

Mast mit Küchenabfällen:
Küchenabfälle satt
Beifutter bestehend aus
45% Gerstenschrot
10% Haferschrot
10% Gerstenfuttermehl
12% Roggenkleie
10% Haferkleie
12% Eiweißkonzentrat für Schweine
1% kohlens. Kalk

2.314 Aufbereitung des Materials und Versuchsdurchführung

Für jeden Versuch wurden 25 g Kot auf einer technischen Waage abgewogen, in einen Erlmeyerkolben gefüllt und nach Zugabe von Wasser geschüttelt, um eine Zerteilung des Kotes herbeizuführen, wie sie etwa den praktischen Verhältnissen nach dem Abschwemmen entsprechen könnte. Der Inhalt des Kolbens wurde daraufhin in das Absetzglas gegossen und dasselbe bis zur Marke I (Abb. 4) mit Wasser aufgefüllt. Anschließend wurde das Absetzglas oben durch einen Stopfen verschlossen und mehrmals geschüttelt, um eine gleichmäßige Verteilung der Kotteilchen im Glas herbeizuführen. Nach Ablauf der gewünschten Absetzzeit wurde der Inhalt des Sinkraumes durch den Seitenabfluß abgelassen. Die Trockenmasse der Filtrate des Absetzraumes und des Sinkraumes wurde nach ihrer Behandlung im Trockenschrank bei 105 ° C und im Exsikkator mit einer Analysenwaage bestimmt

2.315 Einfluß der Konzentration auf den Absetzvorgang

Nach BACH [6] kann u. U. bei flockigem Schlamm bei größerer Teilchenkonzentration das Absetzen infolge „Gedrängeerscheinungen" behindert werden. SCHULZ [4] weist im Zusammenhang mit seinen Untersuchungen über die Abwässer von Zuckerfabriken ebenfalls darauf hin, daß die Konzentration der in der Aufschlämmung enthaltenen Teilchen Einfluß auf den Absetzvorgang nehmen könnte. Aus seinen Versuchen ergibt sich jedoch, daß eine solche Beziehung bei Bodenaufschlämmungen nicht existiert.

Da Schweinekot eine weniger körnige Struktur als Boden hat, wurde geprüft, ob bei Kotauflaufschlämmungen ein derartiger Einfluß auftritt (Tab. 1).

5, 10, 20 und 40 g Schweinekot mit einem Gehalt an Trockenmasse von 20,4% wurden, wie unter 2.314 beschrieben, behandelt. Im Absetzglas waren demnach pro Liter 3, 6, 12 und 24 g Kot bzw. 0,61, 1,22, 2,44 und 4,90 g Trockenmasse enthalten. Die Absetzzeit betrug 5 Minuten.

Tabelle 1
Einfluß der Konzentration auf das Absetzen

Trockenmasse	g/l	0,61		1,22		2,44		4,90	
Filtrat Nr.		F_1	F_2	F_1	F_2	F_1	F_2	F_1	F_2
Gewichte der Filtrate	g	0,048	0,545	0,095	1,115	0,207	2,240	0,377	4,467

Diese Ergebnisse wurden mit der Auswertungsformel (S. 119) behandelt.

Tabelle 2
Beziehungen zwischen Konzentration und Kläreffekt

Trockenmasse	g/l	0,61	1,22	2,44	4,90
Kläreffekt	%	86,6	86,9	85,9	87,0
Abweichung vom Mittel		0	+ 0,3	— 0,7	+ 0,4

Trotz achtfacher Steigerung der Eingabemenge zeigte sich keine Änderung des Kläreffektes (Tab. 2). Demzufolge sind die mit der Absetzglasmethode gewonnenen Ergebnisse in dem untersuchten Bereich unabhängig von der Schlammkonzentration.

2.32 Spülzylindermethode

Diese Methode basiert auf der bereits im Spültrichterversuch ausgenutzten Tatsache, daß ein in einer Flüssigkeit sinkendes Teilchen sich in der Schwebe hält, wenn seine Sinkgeschwindigkeit gleich der Geschwindigkeit der ihm nach oben entgegen strömenden Flüssigkeit ist. KOPETZKI nutzte diese Tatsache aus und entwickelte den nach ihm benannten Apparat zur Bestimmung der Teilchengröße in Bodenaufschlämmungen. MITSCHERLICH [7] lehnt diese Methode ab, weil sie auf der Stokeschen Formel beruht und deshalb nur dann richtige Ergebnisse liefern könne, wenn die Bodenteilchen kuglige Gestalt hätten, was jedoch kaum der Fall sei.

Für unseren Fall erscheint jedoch das Prinzip des Kopetzkiapparates sehr angebracht, da lediglich die Sinkgeschwindigkeit der Teilchen und nicht deren Größenordnung bestimmt werden soll.

Durch den Kopetzkiapparat (Abb. 6) wird die in einer Aufschlämmung vorhandene Teilchenmenge in einer der Anzahl der Zylinder entsprechenden Zahl von Fraktionen mit verschiedener Sinkgeschwindigkeit zerlegt. Die kleinste Sinkgeschwindigkeit einer Fraktion ist gleich der in dem betreffenden Zylinder vorhandenen Strömungsgeschwindigkeit. Alle Teilchen mit noch kleinerer Sinkgeschwindigkeit wandern in den nächsten Zylinder und werden dort weitersortiert. Im Abfluß des Apparates sind schließlich nur noch die Teilchen enthalten, deren Sinkgeschwindigkeit noch kleiner ist als die Strömungsgeschwindigkeit im letzten Zylinder.

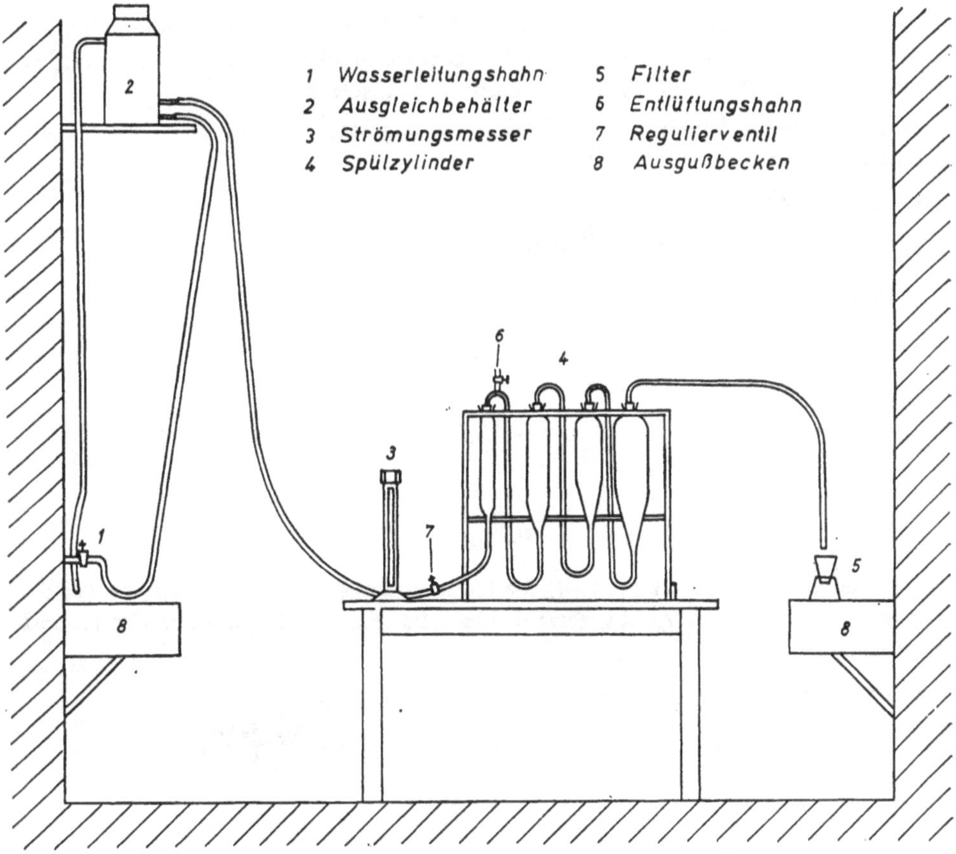

Abb. 6. Versuchsanordnung für Spülzylindermethode

2.321 Theoretische Betrachtung zur Auswertung der mit der Spülzylindermethode gewonnenen Ergebnisse

Eine Aufschlämmung enthalte gleichmäßig verteilt die Teilchenmenge M (g bzw. 100%), die in verschiedene Fraktionen F_1 bis F_n mit verschiedener kleinster Sinkgeschwindigkeit v_1 bis v_n aufgeteilt wird.

F_1 enthalte m_1 Teilchen (g bzw. % von M), F_2 enthalte m_2 Teilchen und eine beliebige Fraktion F_x enthalte m_x Teilchen.

Es ist dann

$$M = \sum_{x=1}^{x=n} m_x .$$

v_x sei die kleinste Sinkgeschwindigkeit der Fraktion F_x. Das langsamste Teilchen der Fraktion F_x mit der Geschwindigkeit v_x legt die Fallstrecke h in der Zeit t_x zurück.

Es ist also

$$v_x = \frac{h}{t_x} .$$

Nach der Zeit t_1 haben sich alle Teilchen der Fraktion F_1 abgesetzt und außerdem auch Teilchen der Fraktionen F_2 bis F_n, entsprechend ihrer Sinkgeschwindigkeit und ihres Abstandes vom Boden zu Beginn des Absetzens.

Nach der Zeit t_n haben sich alle Fraktionen abgesetzt. In der Zeit t_1 setzen sich von den einzelnen Fraktionen ab:

von Fraktion F_1:

$$m_1 \frac{v_1 \cdot t_1}{h} = m_1, \quad \text{weil} \quad \frac{v_1 \cdot t_1}{h} = 1\,,$$

von Fraktion F_2:

$$m_2 \frac{v_2 \cdot t_1}{h}\,,$$

von einer beliebigen Fraktion F_x:

$$m_x \frac{v_x \cdot t_1}{h}\,,$$

von der letzten Fraktion F_n:

$$m_n \frac{v_n \cdot t_1}{h}\,.$$

Es seien $M_1, M_2, \ldots M_x \ldots M_n$ die Gesamtmengen, die sich nach Ablauf der Zeiten $t_1, t_2, \ldots t_x \ldots t_n$ abgesetzt haben. Es setzen sich dann aus der Höhe h insgesamt ab:

In der Zeit t_1:

$$M_1 = m_1 + \frac{m_2 \cdot v_2 \cdot t_1}{h} + \frac{m_3 \cdot v_3 \cdot t_1}{h} + \ldots \frac{m_x \cdot v_x \cdot t_1}{h}$$

$$\ldots + \frac{m_{n-1} \cdot v_{n-1} \cdot t_1}{h} + \frac{m_n \cdot v_n \cdot t_1}{h}$$

$$= m_1 + \frac{t_1}{h}(m_2 \cdot v_2 + m_3 \cdot v_3 + \cdots m_x \cdot v_x +$$

$$\cdots + m_{n-1} \cdot v_{n-1} + m_n \cdot v_n)\,.$$

In der Zeit t_2:

$$M_2 = m_1 + m_2 + \frac{t_2}{h}(m_3 \cdot v_3 + \cdots m_x \cdot v_x \cdots m_{n-1} \cdot v_{n-1} + m_n \cdot v_n)$$

In der Zeit t_{n-1}:

$$M_{n-1} = \sum_{a=1}^{a=n-1} m_a + \frac{t_{n-1}}{h} \cdot m_n \cdot v_n\,.$$

In der Zeit t_n:

$$M_n = \sum_{a=1}^{a=n} m_a = M\,.$$

Allgemein nach der Zeit t_x:

$$M_x = \sum_{a=1}^{a=x} m_a + \frac{t_x}{h} \cdot \sum_{b=x+1}^{b=n} m_b \cdot v_b\,.$$

Übertragen auf die Spülzylindermethode bedeuten:

m_a Menge der Teilchen, die sich in den Zylindern 1 bis x abgeschieden haben.
m_b Menge der Teilchen, die sich in den Zylindern $x + 1$ bis n abgeschieden haben.
h beliebig einzusetzende Absetzhöhe, hier die Fallhöhe der Absetzglasmethode (22,5 cm).
v_b Strömungsgeschwindigkeit in den Zylindern $x + 1$ bis n.
n Zahl der Fraktionen = Zahl der Zylinder.
t_x Zeit, die die Teilchen mit der kleinsten Sinkgeschwindigkeit v_x der Fraktion x benötigen, um die Höhe h zu durchfallen. $t_x = h/v_x$.
M_x gesamte Absetzmenge in der Zeit t_x.

Bei der Spülzylindermethode sind nicht alle Teilchen in Fraktionen mit bekannter kleinster Sinkgeschwindigkeit zerlegbar, da im Abfluß des letzten Zylinders auch noch Teilchen vorhanden sind. Ihre Sinkgeschwindigkeit umfaßt den Bereich $< v_n$ bis 0. Deshalb sei darauf hingewiesen, daß bei der Spülzylindermethode die Teilchenmengen vernachlässigt werden, die sich aus dieser im Abfluß befindlichen Menge Z nach Ablauf der Zeiten t_1, t_2 usw. absetzen. Dies ist statthaft, da die sehr geringen Sinkgeschwindigkeiten dieser Teilchen (0 bis 0,086 cm/s) ein nennenswertes Absetzen bei den in Betracht kommenden kurzen Absetzzeiten nicht zulassen.

Die im Abfluß des letzten Zylinders befindliche Teilchenmenge Z ergibt zusammen mit der in Fraktionen zerlegten Teilchenmenge M die Gesamtmenge der Sink- und Schwebestoffe W.

$$W = M + Z$$

Der der Sinkgeschwindigkeit $v_x = \frac{h}{t_x}$ zugeordnete Kläreffekt E ist dann

$$E = \frac{M_x}{W}\, 100\,\%$$

oder

$$E = \frac{\sum_{a=1}^{a=x} m_a + \frac{t_x}{h} \cdot \sum_{b=x+1}^{b=n} m_b \cdot v_b}{W} \cdot 100\,\%\,.$$

Nach dieser Formel wurden die mit der Spülzylindermethode gewonnenen Ergebnisse ausgewertet.

2.322 Versuchsanordnung

Die Versuchsanordnung bestand aus 4 Spülzylindern (s. Abb. 6 und Tab. 3), bei denen der obere Auslauf jeweils mit dem unteren Einlauf des folgenden Zylinders durch einen Schlauch verbunden war, während der Abfluß des letzten Zylinders in einen Filter geleitet wurde.

Dem ersten Zylinder wurde das Wasser aus einem Ausgleichbehälter zugeführt, so daß das Wasser der Versuchsapparatur immer unter gleichbleibendem Druck zuströmte. Der Ausgleichsbehälter wurde aus der Wasserleitung gespeist, während das überschüssige Wasser aus dem Ausgleichbehälter in das Ausgußbecken geleitet

Tabelle 3
Daten der Spülzylinder

Zylinder Nr.		1	2	3	4
Innerer Durchmesser	cm	3,66	5,70	8,65	11,10
Innerer Querschnitt	cm^2	10,52	25,50	58,80	96,70
Länge des zylindrischen Teils	cm	27	32	12	22
Länge des konischen Teils	cm	11	13	32	35

wurde. Zwischen dem Ausgleichbehälter und dem ersten Zylinder wurde ein Strömungsmesser (Fa. Medingen, Typ TW 300, Nr. 336, nach Wobser) geschaltet, mit dessen Hilfe die Durchflußmenge einreguliert wurde. Um die Meßgenauigkeit des Strömungsmessers zu bestimmen, wurde eine Prüfung vorgenommen. Als Eichvolumen diente ein 10 l-Meßzylinder. Die Füllungszeiten wurden mit der Stoppuhr gemessen. Die Eichung hatte folgendes Ergebnis:

Tabelle 4
Eichung des Strömungsmessers

Instrumentenanzeige	l/s	0,5	1,0	1,5	2,0
Mittel von 6 Messungen	l/s	0,495	1,006	1,515	2,028
Abweichung von Instrumentenanzeige	%	— 1%	+0,6%	+ 1%	+ 1,4%

Die größte Abweichung beträgt 1,4% und wird als unwesentlich erkannt.

Folgende Strömungsgeschwindigkeiten stellten sich in Abhängigkeit von der Durchflußmenge in dem zylindrischen Teil der Gefäße ein:

Tabelle 5
Strömungsgeschwindigkeiten in den Zylindern [cm/s]

Zylinder Nr.	1	2	3	4
0,5 l/min	—	—	—	0,086
1,0 l/min	1,584	0,654	0,283	0,172
2,0 l/min	3,168	—	—	—

2.323 Das Filtermaterial

Es wurden die gleichen Filter wie bei der Absetzglasmethode verwendet (s. 2.312).

2.324 Versuchsmaterial

Das Versuchsmaterial war das gleiche wie bei der Absetzglasmethode (s. 2.313).

2.325 Versuchsdurchführung

Für jeden Versuch wurden wie bei der Absetzglasmethode 25 g Kot in einem Erlmeyerkolben nach Wasserzugabe geschüttelt und in den Zylinder 1 gegeben. Hierauf wurde der Zylinder bis zum Halsansatz mit Wasser gefüllt und durch einen Schlauch mit dem Zylinder 2 verbunden. Zylinder 2, 3 und 4 waren bereits mit Wasser gefüllt. Nachdem der Hahn, mit dem die Durchflußmenge reguliert wurde, etwas geöffnet worden war, wurde zunächst durch einen Entlüftungshahn die im Hals des ersten Zylinders und im anschließenden Schlauch befindliche Luft abgelassen und daraufhin die gewünschte Durchflußmenge einreguliert.

Da mit 4 Zylindern zunächst auch nur 4 Fraktionen zu gewinnen sind, wurde zur Gewinnung von 2 weiteren Fraktionen ein Kunstgriff angewendet.

Die Durchflußmenge wurde zunächst auf 0,5 l/min einreguliert und der Abfluß aus Zylinder 4 filtriert. In das Filter strömten alle Teilchen mit einer Sinkgeschwindigkeit $< 0{,}086$ cm/s (s. Tab. 6). Nachdem nach 2 Stunden im Zylinder 4 die Flüssigkeit klar war, wurde die Durchflußmenge auf 1 l/min erhöht. Der Abfluß des Zylinders 4 wurde wiederum in einen Filter geleitet. In diesen gelangten alle Teilchen mit einer Sinkgeschwindigkeit von 0,086 bis 0,172 cm/s. Nach Ablauf einer Stunde, nachdem der Inhalt auch des Zylinders 4 geklärt war, wurden die Inhalte der Zylinder 2, 3 und 4 einzeln filtriert. Der Inhalt des Zylinders 1 wurde noch einmal einer Fraktionierung unterworfen, indem die Durchflußmenge für 15 Minuten auf 2 l/min erhöht wurde. Im filtrierten Abfiuß befanden sich alle Teilchen mit einer Sinkgeschwindigkeit zwischen 1,584 und 3,168 cm/s, während sich im Zylinder 1 alle Teilchen mit einer Geschwindigkeit $> 3{,}168$ cm/s befanden. Auf diese Weise wurden 6 Fraktionen mit folgenden kleinsten Sinkgeschwindigkeiten gewonnen:

Tabelle 6
Kleinste Sinkgeschwindigkeiten dsr Fraktionen

Fraktion	F_1	F_2	F_3	F_4	F_5	F_6
Kleinste Sinkgeschwindigkeit cm/s	3,168	1,584	0,654	0,283	0,172	0,086

Die Summe M der Trockenmasse der Filtrate der Fraktionen F_1 bis F_6 sowie des Abflußfiltrates Z aus dem letzten Zylinder bei 0,5 l/min Surchflußmenge ist die Trockenmasse der in der Aufschlämmung enthaltenen Gesamtmenge W an Sink- und Schwebestoffen. $W = M + Z$.

2.326 Einfluß der Konzentration auf das Ergebnis der Spülzylindermethode

Aus dem bereits unter 2.315 dargelegten Grunde wurde auch für die Spülzylindermethode der Einfluß der Konzentration geprüft:

Tabelle 7
Einfluß der Konzentration bei der Spülzylindermethode

Eingabemenge g		Filtrat im Zylinder	Filtrat im Überlauf
5	g	0,235	0,210
	%	52,8	47,2
10	g	0,500	0,410
	%	54,9	45,1
20	g	0,825	0,760
	%	52,0	48,0
40	g	1,865	1,635
	%	53,3	46,7

Die Prüfung wurde nur mit dem Zylinder Nr. 2 vorgenommen. Die Eingabemengen betrugen 5, 10, 20 und 40 g Schweinekot. Die Durchflußmenge wurde auf 1 l/min einreguliert. Die Spüldauer betrug 30 min. Das Ergebnis zeigt die Tabelle 7.

Die Ergebnisse lassen im untersuchten Bereich keinen Einfluß der Größe der Eingabemenge auf die Sortierung der Teilchen nach ihrer Sinkgeschwindigkeit erkennen.

3. Versuchsergebnisse

Alle Versuche wurden mit 6facher Wiederholung durchgeführt, um eventuelle Fehler, verursacht durch die Heterogenität des Versuchsmaterials, weitgehend auszuschalten.

Im folgenden sind die mit beiden Methoden gewonnenen Ergebnisse wiedergegeben.

3.1. Absetzmethode

Siehe Tab. 8.

3.2. Spülzylindermethode

Siehe Tab. 9.

Tabelle 9
Gewichte der Fraktionen (Spülzylindermethode) (Mittelwerte aus 6 Wiederholungen)

Fraktion		*M*						*Z*	*W* = *M* + *Z*
		m_1	m_2	m_3	m_4	m_5	m_6		
Getreidemast	g	0,182	0,649	0,659	0,575	0,304	0,267	0,353	2,989
	%	6,1	21,7	22,1	19,2	10,2	8,9	11,8	100,0
Kartoffelmast	g	0,242	0,464	0,640	0,496	0,215	0,177	0,458	2,692
	%	9,0	17,2	23,8	18,4	8,0	6,6	17,0	100,0
Küchenabfallmast	g	0,337	0,598	0,433	0,450	0,347	0,283	0,520	2,968
	%	11,4	20,1	14,6	15,2	11,7	9,5	17,5	100,0

3.3 Auswertung

Die Auswertung der in den Tab. 8 und 9 enthaltenen Meßergebnisse erfolgte mit der Auswertungsformel für die Absetzmethode (S. 119) bzw. mit der Auswertungsformel für die Spülzylindermethode (S. 125).

Um die mit den beiden Methoden gewonnenen Ergebnisse vergleichbar zu machen, mußten sie auf eine gleiche Bezugsbasis gebracht werden. In der Auswertungsformel für die Spülzylindermethode wurde daher für h die Fallhöhe der Absetzmethode $h = 22{,}5$ cm eingesetzt.

Das Ergebnis der Auswertung zeigt Tab. 10.

Tabelle 8

Gewichte der Filtrate in Gramm als Funktion der Absetzzeit (Absetzglasmethode)
(Mittelwerte aus 6 Wiederholungen)

Absetzzeit s	79		131		262		600		1800		3600		7200	
Filtrat	F_1	F_2	F_1	F_2	F_1	F_2	F_1	F_2	F_1	F_2	F_1	F_2	F_1	F_2
Getreidemast	0,373	2,559	0,300	2,594	0,212	2,682	0,137	2,731	2,859	0,072	0,058	2,773	0,052	2,821
Kartoffelmast	0,392	2,197	0,320	2,244	0,211	2,298	0,147	2,368	0,093	2,493	0,072	2,513	0,055	2,593
Küchenabfallmast	0,535	2,544	0,411	2,624	0,304	2,703	0,164	2,796	0,093	2,918	0,074	2,958	0,070	2,958

Tabelle 10

Werte für die Absetzkurven von Schweinekot aus Getreide-, Küchenabfall- und Kartoffelfütterung. Kläreffekt in % als Funktion der Absetzzeit

Absetzzeit min		bei einer Sinkhöhe 22,5 cm „ „ „ 40,0 cm[1]	0,12 0,21	0,23 0,42	0,58 1,04	1,32 2,34	2,18 3,90	4,37 7,78	10 17,8	30 53,4	60 107	120 213
Fütterung		Methode										
Getreide		Spülzylinder Absetzglas	23,9 —	41,8 —	62,2 —	78,0 78,7	83,8 82,7	88,2 87,8	— 92,0	— 95,9	— 96,6	— 97,0
Kartoffeln		Spülzylinder Absetzglas	24,7 —	40,4 —	61,1 —	75,2 73,8	79,7 79,2	83,0 86,0	— 90,3	— 94,0	— 95,4	— 96,5
Küchenabfälle		Spülzylinder Absetzglas	26,6 —	41,9 —	57,2 —	71,2 71,0	77,7 77,4	82,5 83,2	— 90,8	— 94,8	— 95,9	— 96,2
		Durchschnitt	25,1	41,4	60,2	74,7	80,1	85,1	91,0	94,9	96,0	96,5

[1] Zeit-Umrechnungsfaktor 1,78.

4. Besprechung der Ergebnisse

4.1. Einfluß der Kotschlammkonzentration auf dem Absetzvorgang

Es konnte nachgewiesen werden, daß die Größe der Kotmenge je Liter der Aufschlämmung in einem weitgespannten Bereich keinen Einfluß auf den Absetzvorgang hat. Der untersuchte Bereich umfaßte Kotkonzentrationen von 3 bis 24 g Kot je Liter bei einer Kottrockenmasse von 20%. Das entspricht einem Kotanteil von 3 bis 24 kg in einem Kubikmeter zu klärender Flüssigkeit.

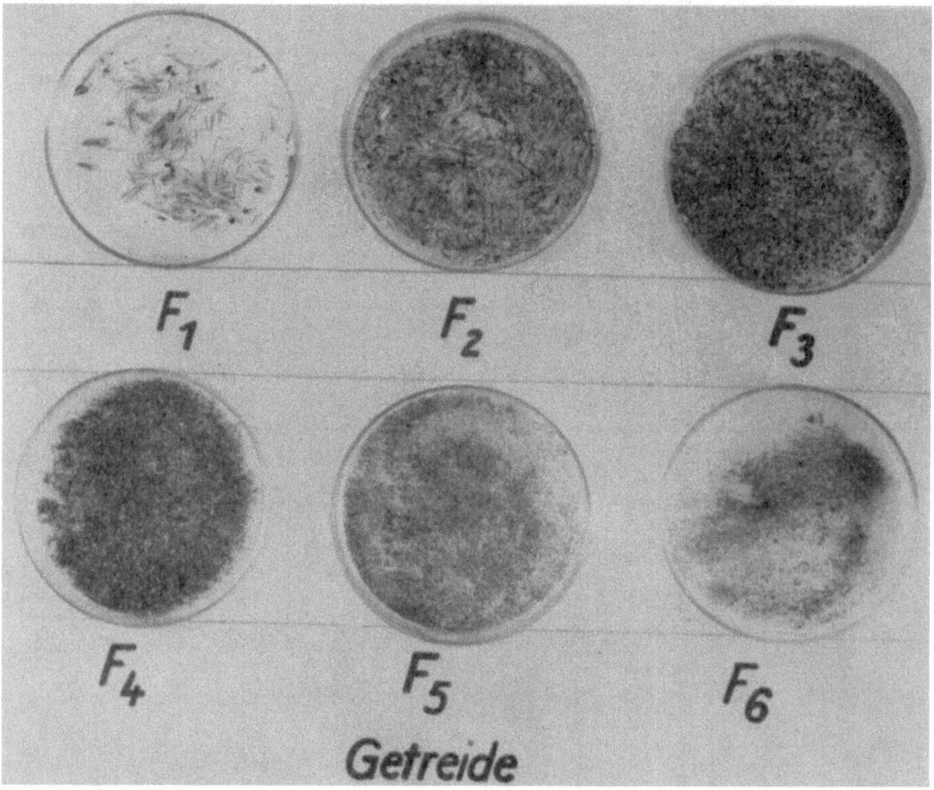

Abb. 7. Struktur des Kotes bei Fütterung von Getreide

Bei einer Durchflußmenge im Schwemmkanal während des Entmistens von 30 l/s und einer Kotbeschickungsmenge von 30 kg/min, wie sie wohl im praktischen Betrieb nicht überschritten werden wird, entfallen auf den Kubikmeter zu klärender Schwemmflüssigkeit 17 kg Kot. Diese Menge liegt in dem oben umrissenen Bereich. Somit haben die aus den Versuchsergebnissen für die Abmessungen des Klärbeckens zu ziehenden Schlußfolgerungen volle Gültigkeit.

4.2. Vergleich der beiden angewendeten Methoden

Ein Vergleich beider Methoden ist im Bereich der Absetzzeiten von 1,52 bis 4,37 min möglich (Tab. 10). In diesem Überschneidungsbereich zeigt sich eine sehr gute Übereinstimmung der sich entsprechenden Werte. Diese Tatsache kann als Bestätigung der Zuverlässigkeit beider Methoden gewertet werden. Die Vernachlässigung der bei der Spülmethode im Abfluß des letzten Zylinders enthaltenen Sink- und Schwebestoffe hat demnach keinen bemerkbaren Einfluß auf die mit dieser Methode gewonnenen Ergebnisse. Es werden daher im Überschneidungsbereich die Mittelwerte aus beiden Methoden eingesetzt.

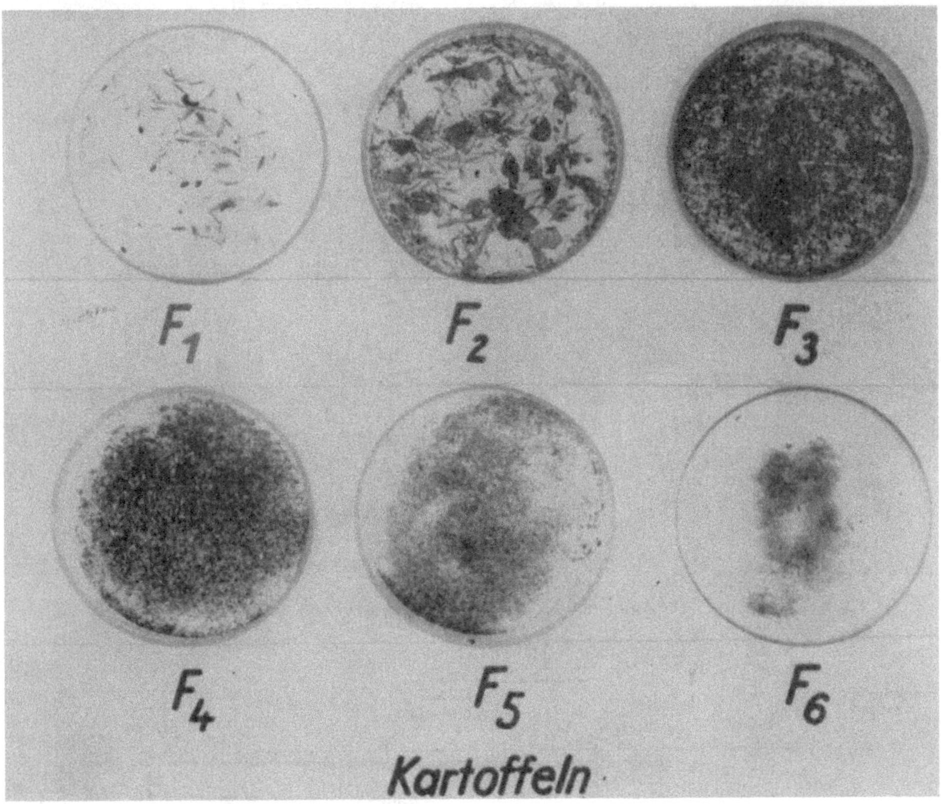

Abb. 8. Struktur des Kotes bei Fütterung von Kartoffeln

4.3. Einfluß der Futterart auf das Absetzen

Es liegt nahe, anzunehmen, daß die Art des Futters einen nicht unwesentlichen Einfluß auf die Struktur des Kotes und somit auf den Absetzvorgang hat. Diese Annahme wird durch die Abbildungen 7 bis 9 noch unterstützt. Die Bilder zeigen die mit der Spülzylindermethode gewonnenen Fraktionen 1 bis 6 der drei untersuchten Kotarten.

Während bei dem aus der Getreidefütterung stammenden Kot die groben Bestandteile fast ausschließlich aus länglich geformten Getreidespelzen bestehen, herrschen bei den beiden anderen Kotarten an groben Teilen die unverdaulichen

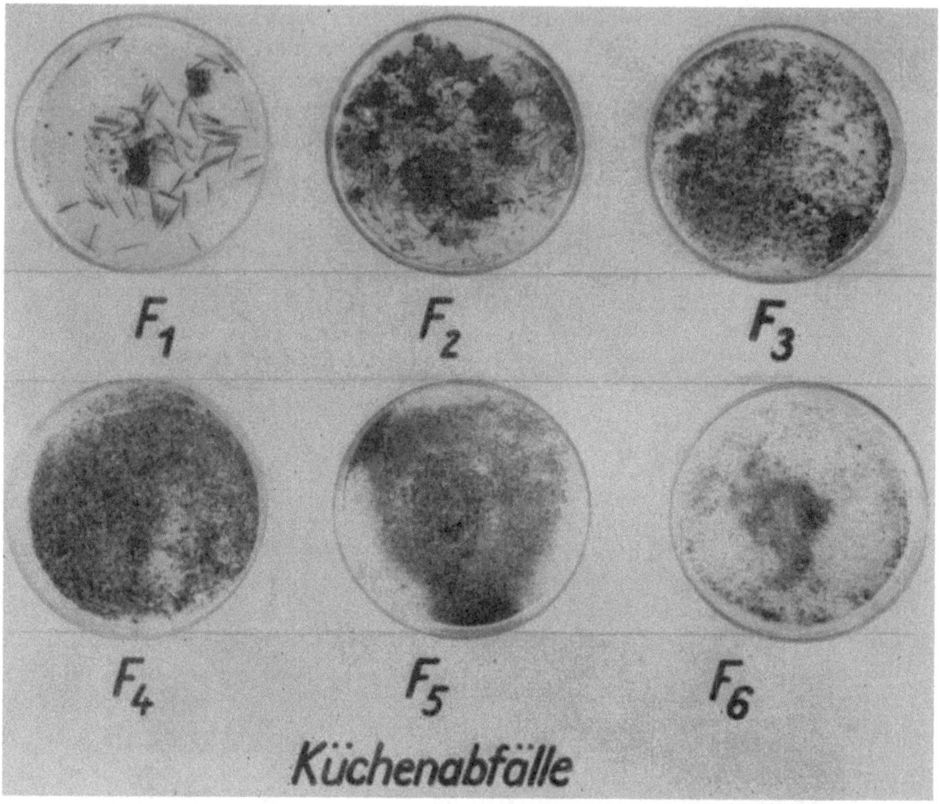

Abb. 9. Struktur des Kotes bei Fütterung von Küchenabfällen

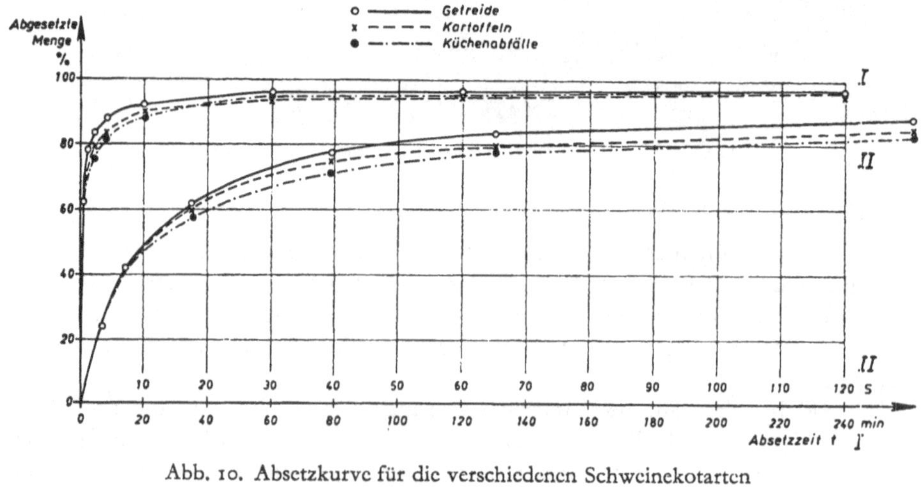

Abb. 10. Absetzkurve für die verschiedenen Schweinekotarten

Korkschalen der Kartoffeln vor. Diese Schalen erreichten Größen von über 2 cm^2. Der Anteil an Getreidespelzen ist hier entsprechend geringer.

Stellt man nach Tab. 10 die Beziehung zwischen Absetzzeit und Kläreffekt graphisch dar (Abb. 10), so erhält man die Absetzkurven für die drei untersuchten Kotarten. Bei Absetzzeiten bis zu 5 Minuten, setzen sich, bezogen auf die Gesamtmenge an Sink- und Schwebestoffen, bei Schweinekot aus Getreidefütterung aus 22,5 cm Höhe bis zu 7% mehr ab, als bei den beiden anderen Kotarten. Hier macht sich offensichtlich die unterschiedliche Struktur der groben und relativ schnell sinkenden Bestandteile bemerkbar. Der übrige Verlauf der Kurven zeigt jedoch, daß die Art der Fütterung trotz der oben beschriebenen verschiedenartigen Form der Grobbestandteile der drei Kotarten einen nur sehr unwesentlichen Einfluß auf den Absetzvorgang hat. Aus diesem Grunde werden die Werte der Tab. 10 zu Durchschnittswerten und die drei Absetzkurven der Abb. 10 zu der allgemeingültigen Absetzkurve für Schweinekot zusammengefaßt (Abb. 11).

Diese allgemeingültige Absetzkurve wurde zum Gegenstand der weiteren Betrachtungen gemacht.

4.4. Diskussion des Kurvenverlaufes

Die Absetzkurve I in Abb. 11 gliedert sich in zwei charakteristische Abschnitte. Der erste Abschnitt verläuft weitgehend vertikal bis etwa zu einer Absetzzeit von

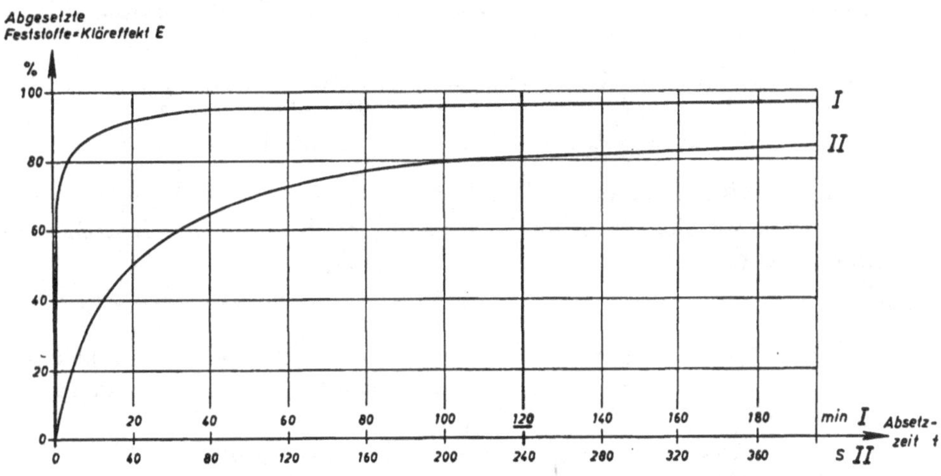

Abb. 11. Allgemeingültige Absetzkurve für Schweinekot Absetzhöhe $h = 40$ cm

10 Minuten. An ihn schließt sich der zweite nahezu horizontal verlaufende Kurvenabschnitt an. Während sich in den ersten 10 Minuten etwa 87% der gesamten Sink- und Schwebestoffe absetzen, setzen sich in den weiteren 203 Minuten nur noch 11% ab. Dieser Umstand ist von großer Bedeutung für die Größe der zu wählenden Klärbeckenabmessungen (s. Abschn. 5.11).

IMHOFF [11] bezeichnet als absetzbare Stoffe die Teilchenmenge in % (bezogen auf die Gesamtsink- und Schwebestoffmenge), die sich in 2 Stunden aus 40 cm Höhe absetzt. Die Richtigkeit dieser Definition wird durch die Absetzkurve (Abb. 11) bestätigt. Einer Absetzzeit von 2 Stunden entspricht hier ein Kläreffekt von 96%. Eine Verlängerung der Absetzzeit über 2 Stunden hinaus hat praktisch keine Erhöhung des Kläreffektes zur Folge, die Absetzkurve verläuft horizontal.

Die absetzbaren Sink- und Schwebestoffe haben aus einer Höhe von 40 cm den Boden nach Abb. 11 im wesentlichen bereits nach 30 Minuten erreicht, d. h., die absetzbaren Stoffe in Schweinekotaufschlämmungen haben eine kleinste Sinkgeschwindigkeit von $\frac{40 \text{ cm}}{1800 \text{ s}} = 0{,}0222$ cm/s.

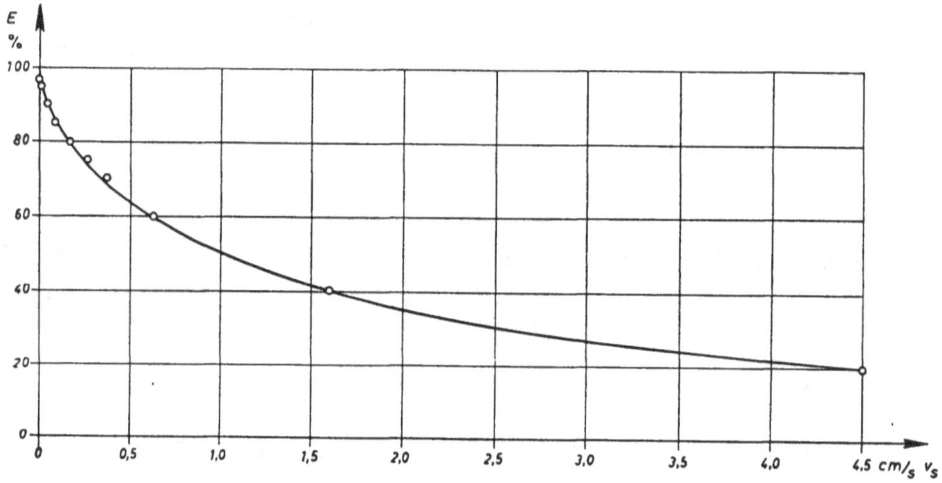

Abb. 12. Beziehung zwischen Kläreffekt E und Sinkgeschwindigkeit V_s

4.5. Sinkgeschwindigkeit und Kläreffekt

Der Quotient aus Sinkhöhe h und Absetzzeit t ergibt die dem entsprechenden Kläreffekt zugeordnete kleinste Sinkgeschwindigkeit v_m.

$$v_m = \frac{h}{t}.$$

Tab. 11 und Abb. 12 zeigen die Beziehung zwischen Kläreffekt E und kleinster Sinkgeschwindigkeit v_m. Die Werte für E und t wurden der Abb. 11 entnommen.

Tabelle 11
Kleinste Sinkgeschwindigkeit als Funktion des Kläreffektes

E	%	20	40	60	70	75	80	85	90	92,5	95	96	96,5
v_m	cm/s	4,50	1,61	0,625	0,375	0,271	0,173	0,086	0,043	0,028	0,012	0,006	0,003

5. Schlußfolgerungen für die Praxis

5.1. Die Klärbeckenabmessungen

5.11 Die Beckenoberfläche

Nach dem Oberflächensatz (s. Abschn. 1.2) ist die zur Erzielung eines bestimmten Kläreffektes erforderliche Klärbeckenoberfläche O gleich dem Quotienten aus

Durchflußmenge Q und der dem gewünschten Kläreffekt zugeordneten kleinsten Sinkgeschwindigkeit v_m.

$$O = \frac{Q}{v_m}.$$

Danach ergeben sich als Funktionen von Kläreffekt und Durchflußmenge folgende theoretischen Beckenoberflächen (Abb. 13).

Es sei vermerkt, daß die in der Abbildung enthaltenen Werte nur dann volle Gültigkeit besitzen, wenn der gesamte Beckenquerschnitt gleichmäßig durchströmt und dadurch die ganze Klärfläche voll wirksam wird. Es ist Sache der Projektierung, das Becken so zu gestalten, daß beim Betrieb möglichst keine Wirbel und toten Ecken entstehen, die durch Verringerung der Durchflußzeit die Klärwirkung herabsetzen könnten. Wie stark die tatsächlichen Durchflußzeiten im Becken von den theoretischen (= Beckenvolumen/Durchflußmenge) abweichen können, zeigt das Beispiel der Kläranlage Leipzig-Rosental. Laut mündlicher Mitteilung betrug zu einer bestimmten Tageszeit die theoretische Durchflußzeit reichlich 2 Stunden, während durch Messungen, bei denen Isotopen als Indikatoren verwendet wurden, festgestellt werden konnte, daß die tatsächliche Durchflußzeit weniger als 1 Stunde betrug. Die Ursache soll im wesentlichen die ungünstige Konstruktion des Beckeneinlaufes sein.

Aus der Abb. 13 geht hervor, daß ein Kläreffekt, der der Gesamtmenge der absetzbaren Stoffe entspricht, nur durch einen relativ hohen baulichen Aufwand erkauft werden kann. So wird z. B. bei einer Durchflußmenge von 30 l/s ein Kläreffekt von 90% schon mit einer Beckenoberfläche von 70 m^2 erreicht, während zum Abscheiden der absetzbaren Stoffe ($E = 96\%$) die Beckenoberfläche 500 m^2 groß sein müßte. Es gilt durch weitere Untersuchungen festzustellen, wie groß der Kläreffekt sein muß, um den funktionstechnischen Anforderungen an die Schwemmflüssigkeit gerecht zu werden. Dadurch kann ein durch unnötig große Dimensionierung des Klärbeckens hervorgerufener überflüssiger Aufwand vermieden werden.

Wird ein Kläreffekt von 85% als ausreichend erkannt, so sind bei einer Durchflußmenge von 35 l/s nach Abb. 13 40 m^2 Beckenoberfläche erforderlich, um die gewünschte Klärwirkung zu erzielen. Bei einem Längen-Breitenverhältnis von 5 : 1 [8] beträgt dann die Beckenlänge $l = 14{,}3$ m und die Beckenbreite $b = 2{,}83$ m.

5.12 Die Beckentiefe

Im Abschnitt 1.2 wurde bereits dargelegt, daß die Klärbeckentiefe für den Klärvorgang keine Bedeutung hat. Da die Baukosten des Beckens im wesentlichen von seinem Volumen abhängen dürften, wird man bestrebt sein, das Becken so flach wie möglich zu gestalten. Die Mindesttiefe des Beckens wird lediglich bestimmt durch die noch statthafte horizontale Höchstgeschwindigkeit im Becken von 5 cm/s [11], um ein Aufwirbeln des bereits abgesetzten Schlammes zu vermeiden. Beträgt z. B. die Durchflußmenge 0,035 m^3/s und die Beckenbreite 2,83 m, so ergibt sich die theoretisch erforderliche Mindesttiefe (Wasserspiegelhöhe im Becken) zu 0,25 m. Wenn das Becken trotzdem tiefer zu bauen ist, so nur deshalb, um die sich absetzenden Schlammengen aufnehmen zu können. Aus der Absetzkurve (Abb. 11) kann man jedoch schließen, daß der größte Teil des Schlammes sich bereits am Beckenanfang ablagern wird. Diese Erkenntnis wird durch den Schlammpegelversuch bestätigt (Abb. 2).

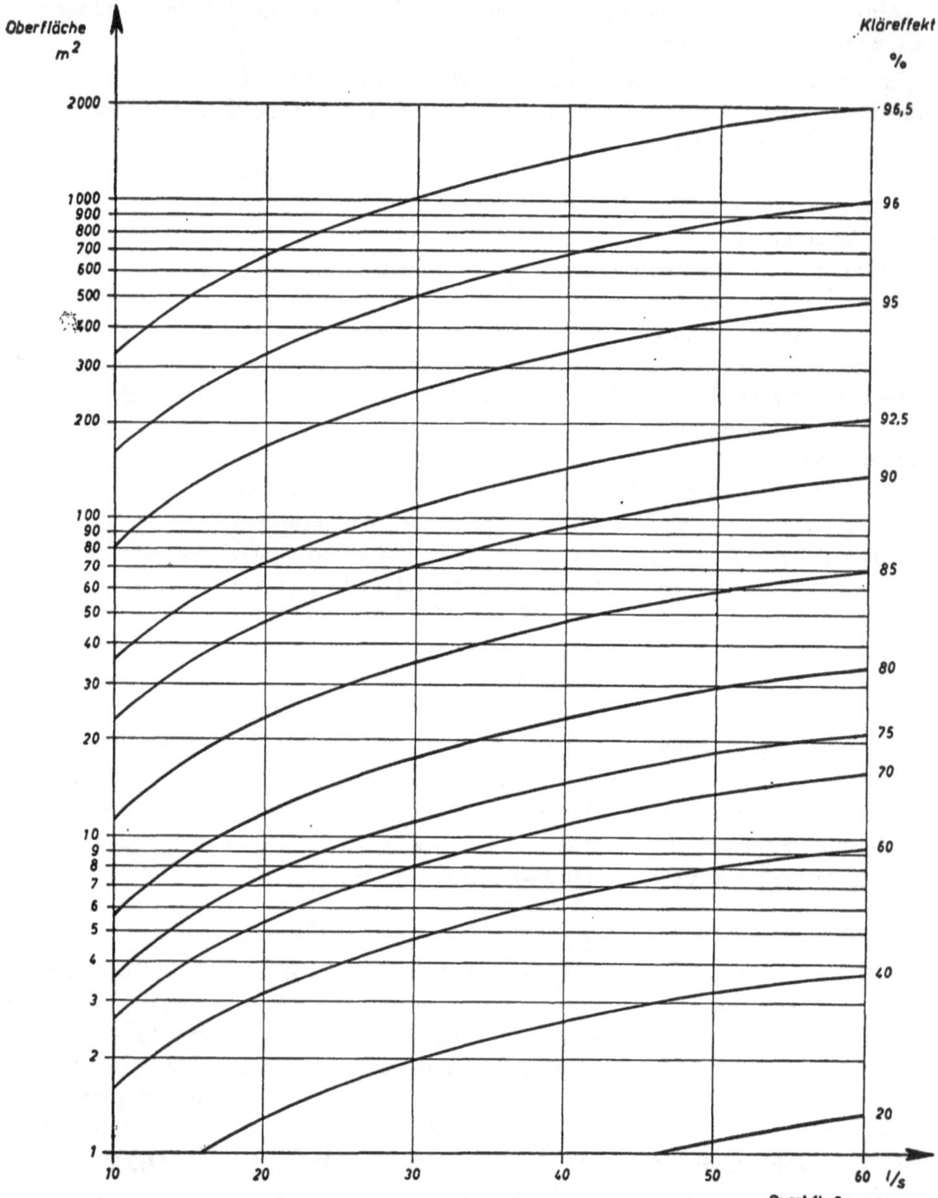

Abb. 13. Klärbeckenoberfläche als Funktion von Kläreffekt und Durchflußmenge

Bei zu geringer Beckentiefe wird der sich am Beckenanfang bildende Schlammberg daher bis über den Wasserspiegel wachsen und damit die wirksame Kläroberfläche verringern. Um nicht das ganze Becken so tief bauen zu müssen, wie die Höhe des Schlammberges am Ende einer Klärperiode ist, wird vorgeschlagen, das Becken so zu gestalten, wie es sich bei der städtischen Abwasserreinigung bewährt hat. Da das Schlammwasser dem Klärbecken aus den Ställen unter natürlichem Gefälle zulaufen soll, kommt als Beckenart wegen seiner geringen Bautiefe nur das Flachbecken in Betracht. Die Flachbecken städtischer Kläranlagen haben im Boden am Beckenanfang einen oder mehrere Schlammtrichter [9], die bereits den größten Teil des Schlammes während des Absetzvorganges aufnehmen, so daß sich kein Schlammberg bilden kann (Abb. 14). In die untere Spitze des Schlammtrichters würde wie

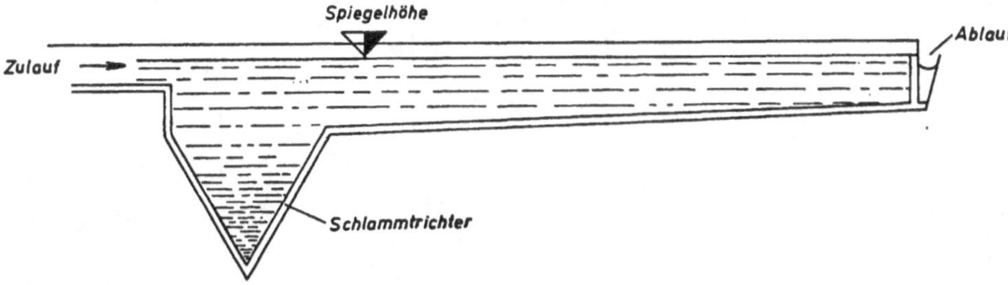

Abb. 14. Flachklärbecken

bei den städtischen Flachklärbecken ein Rohr münden, durch welches die Pumpe täglich den angefallenen Schlamm absaugt, um ihn in das Kotschlammsilo zu drücken. Somit kann der Schlammtrichter auch noch das Entfernen des Schlammes aus dem Becken wesentlich erleichtern.

Findet der größte Teil des Schlammes Aufnahme im Schlammtrichter, so dürfte in allen Fällen eine Beckentiefe von 0,5 m ausreichend sein, wenn dabei die Einhaltung der Strömungshöchstgeschwindigkeit gewährleistet ist.

5.13 Die Trichteroberfläche

Die Größe der Trichteroberfläche F, d. h. die Größe der Trichteröffnung, ist abhängig von der Schlammenge, die vom Trichter aufgenommen werden soll. Mit anderen Worten: die Größe der Trichteröffnung wird bestimmt durch den Kläreffekt, der auf die Fläche der Trichteröffnung entfallen soll. Daher errechnet sie sich aus der gleichen Formel wie die Beckenoberfläche:

$$F = \frac{Q}{v_m}.$$

Beispiel:

In dem unter 5.11 berechneten Fall beträgt bei einer Durchflußmenge von 0,035 m^3/s und einem Kläreffekt von 85% die Beckenlänge 14,3 m und die Breite 2,83 m.

Sollen im Schlammtrichter 70% der in das Becken strömenden Schlammstoffe gesammelt werden, so muß die Trichteröffnung nach Abb. 13 9,4 m^2 groß sein. Da die Länge der einen Trichterseite durch die Beckenbreite von 2,83 m gegeben ist, beträgt dann die Ausdehnung der Trichteröffnung in Richtung der Beckenlängsachse $\frac{9,4\ m^2}{2,83\ m} = 3,32$ m.

5.14 Die Trichtertiefe

Die Trichtertiefe ist zunächst abhängig von der im Trichter zu sammelnden Schlammenge.

Füllen die absetzbaren Stoffe eines Kilogrammes Schweinekot in im Wasser abgesetzter Form ein Volumen von 1,5 l und rechnet man mit einem Kotanfall von

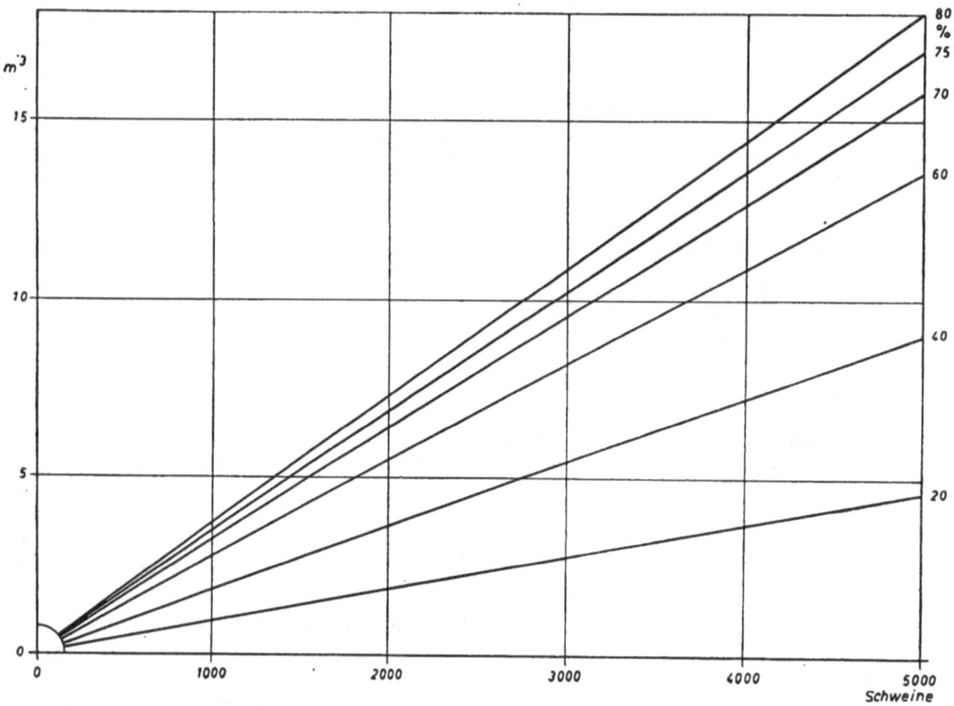

Abb. 15. Schlammtrichtervolumen als Funktion der Schweinezahl und der im Trichter zu sammelnden Schlammenge

3 kg/Schwein und Tag, so ergeben sich in Abhängigkeit von dem auf die Trichteroberfläche entfallenden Kläreffekt und von der Zahl der Schweine bei täglicher Entleerung des Trichters folgende Schlammtrichtervolumina (Abb. 15).

Die Trichtertiefe errechnet sich aus der Volumenformel für die Pyramide:

$$V = \frac{F \cdot h}{3}.$$

worin

V Trichtervolumen

h Trichtertiefe

F Trichteroberfläche.

Dann ist $$h = \frac{3 \cdot V}{F}.$$

F ist abhängig von dem auf die Trichteröffnung entfallenden Kläreffekt und ergibt sich aus Abb. 13. Für einen Bestand von 1000 Schweinen ergeben sich dann folgende Trichtertiefen.

Tabelle 12
Schlammtrichtertiefen [m]

Durchflußmenge m^3/s	Auf die Trichteroberfläche entfallender Kläreffekt [%] 20	40	60	70	75	80
0,01	12,3	8,7	5,1	3,6	2,8	1,9
0,02	6,1	4,4	2,5	1,8	1,4	0,96
0,03	4,0	2,9	1,7	1,2	0,92	0,63
0,04	3,0	2,2	1,3	0,87	0,69	0,45
0,05	2,4	1,8	1,0	0,72	0,55	0,36
0,06	2,0	1,5	0,84	0,60	0,46	0,30

Mit zunehmender Durchflußmenge und zunehmender zu sammelnder Schlammmenge verringert sich somit die Trichtertiefe, da die Trichteröffnung wächst. Die Trichtertiefe ist aber nicht nur von dem erforderlichen Trichtervolumen abhängig. Sie muß so groß sein, daß eine Mindestneigung der Trichterwände von 1,4 : 1 (55°) gewährleistet ist, damit der Schlamm nicht auf ihnen liegenbleibt, sondern nach unten rutscht [10].

In den meisten Fällen wird die zur Erreichung der notwendigen Wandneigung erforderliche Trichtertiefe so groß sein, daß das Trichtervolumen ausreicht.

Bei der Projektierung wird man daher nach Ermittlung der Trichteroberfläche zunächst die zur Erzielung einer Wandneigung von 1,4 : 1 erforderliche Trichtertiefe ermitteln und dann an Hand der Tab. 12 lediglich kontrollieren, ob durch diese Tiefe die Aufnahme der anfallenden Schlammengen gewährleistet ist.

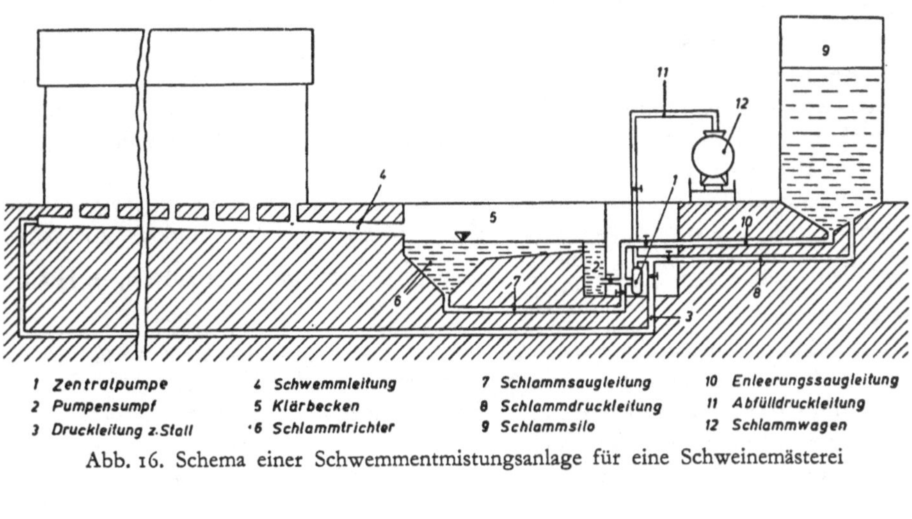

Abb. 16. Schema einer Schwemmentmistungsanlage für eine Schweinemästerei

5.2 Vorschlag für die Gestaltung von Schwemmentmistungsanlagen für Schweinemastbetriebe

Im folgenden wird an Hand eines Beispiels eine Anleitung zur Projektierung von Schwemmentmistungsanlagen für ohne Einstreu arbeitende Schweinemastbetriebe gegeben.

Schwemmentmistungsanlage für einen Mastbetrieb mit 2000 Schweinen

Die Anlage besteht aus 4 Hauptteilen (Abb. 16):

1. die Schwemmleitungen,
2. das Klärbecken mit Schlammtrichter und Pumpensumpf,
3. das Schlammsilo,
4. die Zentralpumpe mit Saug- und Druckleitungen.

Zu 1. Die Schwemmleitung

a) Durchmesser. Nach den Erfahrungen mit der Schwemmentmistungsanlage im VEG Großharthau Krs. Bischofswerda ist für nicht eingestreute Schweineställe ein Schwemmrohrdurchmesser von 25 cm völlig ausreichend.

b) Gefälle. Da es sich beim Schweinekot um ähnliche Stoffe handelt wie bei den Schmutzstoffen in den städtischen Kanalisationen, gelten hier die gleichen Regeln wie bei dieser. Starkes Gefälle begünstigt das Abschwemmen, da dadurch die Schleppkraft vergrößert wird [12]. Großes Gefälle bedingt jedoch eine größere Mündungstiefe der Schwemmleitung in das Klärbecken, wodurch sich der tote Raum über dem Wasserspiegel im Becken vergrößert. Das Gefälle darf also nur so groß sein, wie es zum einwandfreien Abschwemmen der in die Schwemmleitung eingeworfenen Kotstoffe notwendig ist. Nach VICARI [13] beträgt dieses Gefälle für Rohre mit 25 cm Durchmesser etwa $J = 0{,}005$ m/m. Bei geringerem Gefälle besteht die Gefahr von Ablagerungen.

Zu 2. Das Klärbecken

a) Beckengröße. Bei einer Durchflußmenge von $Q = 0{,}03$ m³/s und einem Kläreffekt von 85% muß die Beckenoberfläche nach Abb. 13 35 m² groß sein. Bei einem Längen-Breitenverhältnis von 5 : 1 ergibt sich eine Beckenlänge von $l = 13{,}23$ m und eine Beckenbreite von $b = 2{,}65$ m.

Die Beckentiefe unter dem Wasserspiegel soll aus den unter 1.2 und 5.12 genannten Gründen nur $t = 0{,}50$ m betragen. Die Strömungsgeschwindigkeit im Becken liegt dann mit $v = \frac{Q}{t \cdot b} = \frac{0{,}03}{0{,}5 \cdot 2{,}65} = 0{,}022$ m/s noch unter der zulässigen Höchstgeschwindigkeit.

Die Sohle des in das Becken einmündenden Schwemmleitungsrohres muß soviel über der Oberkante der Überfallwand am Pumpensumpf liegen, daß die durch Rohrsohle und Überfallwand-Oberkante bestimmten horizontalen Ebenen zusammen mit den Beckenwänden einen Raum einschließen, der mindestens so groß ist, wie das täglich anfallende Volumen an Kot und Harn. Für das Spiegelgefälle, das sich beim

Betrieb im Becken einstellt, ist noch darüber hinaus ein entsprechender Zuschlag zu machen.

In unserem Beispiel beträgt unter Vernachlässigung des Spiegelgefälles bei einem täglichen Kot-Harn-Anfall von 12 m³ (siehe auch: Zu 3. Das Schlammsilo) und einer Beckenoberfläche von 35 m² die Mindesthöhe der Rohrsohle über der Überfallwand-Oberkante $\frac{12\ \text{m}^3}{35\ \text{m}^2} = 0{,}34$ m.

b) Schlammtrichtergröße. Sollen im Trichter 70% des Schlammes gesammelt werden, so beträgt bei $Q = 0{,}03\ \text{m}^3/\text{s}$ die Fläche seiner oberen Öffnung 8 m² (Abb. 13). Da die Trichterbreite gleich der Beckenbreite ist, hat die Trichteroberfläche in Richtung der Beckenlängsachse eine Ausdehnung von $\frac{8\ \text{m}^2}{2{,}65\ \text{m}} = 3{,}02$ m. Für 2000 Schweine beträgt die Trichtertiefe (nach Tab. 17) $2 \cdot 1{,}2\ \text{m} = 2{,}4$ m. Die Wandneigung ist mit $\frac{2 \cdot 2{,}4\ \text{m}}{3{,}02\ \text{m}} = \frac{1{,}59}{1}$ ausreichend (Grenzwert 1,4 : 1), so daß die Trichtertiefe genügt.

c) Pumpensumpfgröße. Das Pumpensumpfvolumen unter der Überfallwand muß mindestens so groß sein, wie die Flüssigkeitsmenge in der Druckleitung 3 und in der Schwemmleitung 4 beim Entmisten. Wenn die Spiegelhöhe im Becken 5 und im Pumpensumpf 2 bei ruhender Anlage nur bis zur Oberkante der Überfallwand reicht, besteht bei zu kleinem Pumpensumpf die Gefahr, daß nach Einschalten der Pumpe zum Entmisten der Pumpensumpf geleert ist, bevor Wasser aus der Schwemmleitung in das Becken und aus diesem in den Pumpensumpf nachströmen kann.

Zu 3. Das Schlammsilo

Das Schlammsilo nimmt die im Stall anfallenden Kot- und Flüssigkeitsmengen zwischen den Abfuhrzeiten auf. Die Größe des Schlammsilos ist abhängig von der anfallenden Schlammenge und der geforderten Lagerzeit. Nach KRAMER [1] wird mit einem täglichen Anfall an Kot, Harn und sonstiger Flüssigkeit von 6 l/Schwein zu rechnen sein. Das ergibt bei 30-tägiger Lagerzeit ein Speichervolumen von 0,18 m³/Schwein bzw. 360 m³ für 2000 Schweine.

Das Speichervolumen wird zweckmäßigerweise auf 3 Silos zu je 120 m³ verteilt, um einen möglichst gleichmäßigen Ausfaulungsgrad des Schlammes zu erreichen.

Zu 4. Die Pumpe

Als Pumpe wird eine Dickschlammpumpe verwendet mit einer Förderleistung von 0,03 m³/s.

Alle Saugleitungen müssen auch auf die Druckseite der Pumpe umschaltbar sein, um Verstopfungen in den Saugleitungen mit Hilfe des Pumpenüberdruckes beseitigen zu können.

Der Betrieb der Anlage

Die Zentralpumpe 1 stellt den zum Entmisten notwendigen Flüssigkeitskreislauf her: Pumpensumpf 2, Zentralpumpe 1, Druckleitung 3, Schwemmleitung 4, Klärbecken 5, Pumpensumpf 2.

Nach dem Entmisten fördert die Pumpe 1 den Schlamm aus dem Schlammtrichter 6 durch die Schlammsaugleitung 7 und die Schlammdruckleitung 8 in das Schlammsilo 9.

Beim Leerfahren des Silos fördert die Pumpe 1 den Schlamm aus dem Schlammsilo 9 über die Entleerungssaugleitung 10 und die Abfülldruckleitung 11 in den Schlammwagen 12.

Zusammenfassung

In Schweinekotaufschlämmungen sinken die Kotpartikel nach unten und setzen sich schließlich auf dem Boden des Gefäßes ab. Aus diesem Grunde wird in Schwemmentmistungsanlagen für nicht eingestreute Schweinemastställe die Schwemmflüssigkeit an der Oberfläche des Sammelbeckens entnommen werden müssen, wobei also das Sammelbecken Klärfunktionen zu übernehmen hat.

Länge und Breite des Beckens sind abhängig von der Absetzgeschwindigkeit des Kotschlammes als Funktion des Kläreffektes.

Es wurden daher untersucht:

1. der Einfluß der Schlammkonzentration auf das Absetzen,
2. der Einfluß der Futterart auf den Absetzvorgang,
3. die Beziehung zwischen Kläreffekt und kleinster Sinkgeschwindigkeit.

Die Untersuchungen wurden durchgeführt mit

a) Absetzglas mit Seitenabfluß,
b) Spülapparat nach Kopetzki.

Die Versuche hatten folgendes Ergebnis:

1. Im untersuchten Bereich von 0,61 bis 4,90 g Kottrockenmasse je Liter Aufschlämmung zeigte sich kein Einfluß der Menge der Kottrockensubstanz im Liter auf den Absetzvorgang.
2. Die Futterart [a) Getreide, b) Kartoffeln, c) Küchenabfälle] hat praktisch keinen Einfluß auf den Absetzvorgang. Die drei Kotarten haben eine gemeinsame Absetzkurve.
3. Schweinekotschlamm hat ein sehr starkes Absetzvermögen. Bereits nach 50 Minuten haben sich fast 95% der Sink- und Schwebestoffe aus 40 cm Höhe auf dem Boden abgeschieden. Diesem Kläreffekt entspricht eine kleinste Sinkgeschwindigkeit von $v_m = 0{,}0133$ cm/s.

Aus den gewonnenen Ergebnissen wurden die Beckenabmessungen (Beckenoberfläche, Schlammtrichterabmessungen) errechnet. An Hand eines praktischen Beispiels wurde eine Anleitung für die Projektierung von Schwemmentmistungsanlagen für Schweinemastbetriebe gegeben.

Резюме

Во взвесях кала свиней частицы кала опускаются и наконец осаждаются на дне сосуда. По этой причине в откормочных свинарниках без подстила, с вымывающей навоз установкой, придется вымывающую жидкость брать с поверхности сборного бассейна, причем на сборный бассейн возлагаются функции отстойника.

Длина и ширина бассейна зависят от скорости осаждения взвешенного кала, как функции эффекта отстаивания. Поэтому было исследовано:

1. влияние концентрации взвешенного кала на осаждение,
2. влияние вида кормов на процесс осаждения,
3. отношение между эффектом отстаивания и наименьшей скоростью осаждения.

Упомянутые исследования проводились при помоши

а) отстаивающего сосуда с боковым стоком,
б) вымывающего аппарата по Копецкому.

Опытами получены следующие результаты:

1. в исследованных пределах от 0,61 до 4,90 г сухой массы кала на 1 литр взвеси, не отмечалось влияния количества сухого вещества кала в одном литре на процесс осаждения.
2. Вид кормов (а. зерновые, б. картофель, в. кухонные отбросы) практически не имел влияния на процесс осаждения. Эти три вида кала обладают одинаковой кривой осаждения.
3. Взвесь свиного кала имеет очень сильную способность осаждения. Уже в течение 50 минут почти 95% осаждающихся и взвешенных веществ отлагаются на дно из высоты в 40 см. Такому эффекту осветления соответствует минимальная скорость осаждения в $v_m = 0{,}0133$ см/ч.

На полученых результатах исчислялись размеры бассейна (поверхность бассейна, размеры воронки каловой взвеси). На практическом примере дана инструкция для проектирования навозовымывающих установок в откормочных свинарниках.

Summary

In pig dung elutritions, dung particles sink down and settle to the bottom of the container. That is why in sludge layouts for pigsties without bedding straw the liquid shall have to be taken from the surface of the collecting basin. Thus the collecting basin has to take over the functions of clarifying.

Length and width of the basin depend on the settling velocity of the liquid dung.

The following factors were examined:

1. the influence of the mud concentration on settling,
2. the influence of the kind of feedimng on the process of settling,
3. the relation between the effect of clarification and minimum settling velocity.

The investigations were made with

a) a settling glass with lateral outlet,
b) a rinsing apparatus according to Kopetzki.

The following results were obtained:

1. In the investigated range of 0,61—4,90 g dung dry mass per litre elutrition the process of settling was not affected by the quantity of the dung dry substance per litre.

2. The kind of feeding [a) cereals, b) potatoes, c) kitchen-stuff] has practically no influence on the process of settling. The three sorts of dung have a common settling curve.
3. Liquid pig dung has a very great settling power. Already after 50 minutes nearly 95% of the sediments and susopended substances settled to the bottom from a height of 40 cm. A minimum settling velocity of $v_m = 0{,}0133$ cm/s corresponds to this effect of clarification.

The measurements of the basin (surface of the basin, dimensions of the fludge funnel) were calculated from the results obtained. Instructions for the projection of sludge layouts for pig fattening stations are given by means of a practical example.

Literaturverzeichnis

[1] KRAMER, D.: Wasserversorgung und Abwasserwesen der Schweinemästereien. Wasserwirtschaft — Wassertechnik 1953, **3**, H. 6, 301—306.
[2] MÜLLER, W.: Erste Untersuchungsergebnisse über Abwasser aus Schweinegroßmästereien. Wasserwirtschaft — Wassertechnik 1954, **4**, H. 3, 111—114.
[3] KUNZE, W.: Beitrag zur Klarstellung der Vorgänge in Absetzbecken mechanischer Kläranlagen. Ges.-Ing. 1940, **63**, H. 51, 654—656.
[4] SCHULZ, G.: Untersuchungen über die Abwässer von Zuckerfabriken. Zeitschrift d. Verein der deutschen Zuckerindustrie 1917, H. 67, 111—138.
[5] IMHOFF,K.: Berechnung der Absetzbecken. Ges.-Ing. 1925, **48**, H. 25, 316—317.
[6] BACH, H.: Die Grundlagen und Verfahren der neuzeitlichen Abwasserreinigung. Ergebnisse der angewandten physikal. Chemie **IV**, 1936, 219, Leipzig: Akad. Verlagsges.m.b.H.
[7] MITSCHERLICH, E. A.: Bodenkunde für Landwirte, Forstwirte und Gärtner, 6. Auflage, Halle 1950: Max Niemeyer Verlag.
[8] VOGEL, A.: Über die Dimensionierung der Absitz- und Schlammräume mechanischer Kläranlagen mit besonderer Berücksichtigung der Sinkgeschwindigkeit und der Aufenthaltsdauer. Diss. TH München 1926.
[9] MIEDER, G.: Neuerungen bei der Abwasserbehandlung der Stadt Leipzig. Ges.-Ing. 1929, **52**, H. 20, 353—361.
[10] SCHUBERT, C.: Kleine Kläranlagen. Berlin 1954: VEB Verlag Technik.
[11] IMHOFF, K.: Taschenbuch der Stadtentwässerung, 2. Auflage. Berlin: VEB Verlag Technik.
[12] WEIDLICH, C.: Ein Beitrag zur Untersuchung der Sinkstoffbewegung in städtischen Entwässerungskanälen. Diss. TH Braunschweig 1915.
[13] VICARI, M.: Kleinste Sohlengefälle für Schmutzwasserkanäle. Ges.-Ing. 1916, **39**, H. 51, 537—540.

Abkürzung: Ges.-Ing. = Gesundheitsingenieur

MIX
Papier | Fördert gute Waldnutzung
FSC® C083411

Zeitfracht Medien GmbH
Ferdinand-Jühlke-Straße 7
99095 Erfurt, Deutschland
produktsicherheit@kolibri360.de